金属ポルフィリン錯体を用いた
バイオインスパイアード材料

工学博士 **湯浅 真**【著】

コロナ社

ま え が き

　バイオインスパイアード材料とは，一般に生体分子，細胞，またそれらの集合体を含め，生体系を新たな材料開発の発想の源とする材料のことをいう。これはスーパーバイオシステムを構築する領域（生物が持つ優れた機能を人工の物質およびそれらの組み合わせで実現しようとする新しい化学の領域）で新しく提案された言葉であり，本領域では生体を発想の源とするさまざまな新しいバイオ材料およびそれらの関連材料の創製が目指されている。

　『金属ポルフィリン錯体を用いたバイオインスパイアード材料』と題した本書は，血液のヘモグロビンのような哺乳類の酵素や金属タンパク質などの活性中心である金属ポルフィリン錯体に焦点を当て，関連する生物無機化学，バイオミメティックケミストリー（生体模倣化学）そしてバイオインスパイアード材料についてまとめたものである。

　本書では，まず，バイオインスパイアード材料の基本概念となる金属生体分子およびその機能，すなわち，物質輸送，物質貯蔵，物質認識および物質変換について解説し，それらに関連してバイオミメティックケミストリーやバイオインスパイアード材料の研究・開発について説明する。さらに，金属生体分子の模倣とその作動安定性について，その活性中心の基本となる錯体系（非大環状錯体系，大環状錯体系および高分子金属錯体系）について述べ，金属ポルフィリン錯体系の分類，命名法，合成法，構造，特性，性質および環境評価（例えばヘモグロビンなどは，活性中心である鉄ポルフィリン錯体が存在する内側は水に溶けにくい（疎水性である）タンパク鎖（グロビン鎖）に守られている環境だが，外側は水に溶けやすい（親水性である）ので，環境評価は重要となる）などについても説明する。その後に，四つのトピックスとして

・金属ポルフィリン錯体による酸素分子の運搬・貯蔵（酸素分子の結合・解
　離平衡反応）

　　　→　バイオインスパイアード材料の例として，人工血液

・金属ポルフィリン錯体による酸素分子の還元（酸素分子の還元反応）

　　　→　バイオインスパイアード材料の例として，燃料電池酸素還元触媒

・金属ポルフィリン錯体による活性酸素の検出（活性酸素の酸化反応あるい
　は活性酸素の検出反応）

　　　→　バイオインスパイアード材料の例として，活性酸素センサー

・金属ポルフィリン錯体による活性酸素の利用（活性酸素の添加触媒反応）

　　　→　バイオインスパイアード材料の例として，抗酸化型抗がん剤

について述べる。

　本書の執筆にあたり，企画の段階から内容の検討など，刊行に至るまで，コ
ロナ社の方々に多くの助言をいただいた。コロナ社の関係諸氏に心より感謝申
し上げます。本当にありがとうございました。

2022 年 9 月

湯浅　真

目　　　次

1.　金属生体分子の機能

2.　金属生体分子の模倣とその作動安定性

3.　金属ポルフィリン錯体による酸素分子の運搬・貯蔵
－酸素分子の結合・解離平衡反応－

4.　金属ポルフィリン錯体による酸素分子の還元
－酸素分子の還元反応－

5.　金属ポルフィリン錯体による活性酸素の検出
－活性酸素の酸化反応あるいは活性酸素の検出反応－

6.　金属ポルフィリン錯体による活性酸素の利用
－ 活性酸素の添加触媒反応：抗酸化型抗がん剤 －

1

金属生体分子の機能

1.1　金属生体分子とは

　生体における化学組成（wt% 表示，75 kg 成人男子基準）は，水 60，タンパク質 17，糖質 0.5，脂質 15，核酸 1.2，無機物 5 である。特に，無機物 5wt% の成分は，**表1.1** に示すように，大半の金属（Ca，K，Na，Mg），微量の金属（Fe，Zn，Cu）および超微量の金属（Sn，Mn，Al，Pb，Mo，Co，Cr，V，Ni

表1.1　生体中の無機物組成（体重 75 kg の成人男子の場合）

大半の金属	Ca	1 100 g	アルカリ金属
	K	160〜200 g	
	Na	70〜120 g	アルカリ土類金属
	Mg	25 g	
微量の金属	Fe	4〜5 g	
	Zn	2〜3 g	
	Cu	0.08〜0.12 g	
超微量の金属	Sn	0.03 g	
	Mn	0.02 g	
	Al	0.02 g	
	Pb	0.02 g	
	Mo	0.01 g	遷移金属など
	Co	0.002 g	
	Cr	0.002 g	
	V	0.015 g	
	Ni	極微量	

など）に分類される。これらの金属つまり**無機物**（inorganic matter）は，生体の生命活動において非常に重要な役割を担っているので "Life is inorganic too." とも言われている（Life は生体のこと）。

このような金属を含む生体中の分子を，総称して，**金属生体分子**（metallobiomolecules）という。この金属生体分子は，おもに金属あるいは金属錯体とタンパク鎖のような生体高分子から構成されているのが一般的である。生体中の大半の金属は，骨成分，体液成分，生体膜成分などに含まれているが，注目したいのは微量および超微量の金属である。これらの金属は金属タンパク質（物質の輸送と貯蔵を担うもの），金属酵素（触媒作用を担うもの）などの活性中心になっており，多くの生体内作用を担っている。特に本書では，哺乳類において，これら金属タンパク質および金属酵素の代表である金属ポルフィリンおよびヘムを有する金属生体分子あるいはそれに関連する金属生体分子について解説する。

このような金属生体分子の構造・機能などを考える学問を**生物無機化学**，その応用を考える学問を**バイオミメティックケミストリー**，さらにそれを材料まで発展させる学問を**バイオインスパイアードケミストリー**（bioinspired chemistry），できた材料を**バイオインスパイアード材料**（bioinspired material）と言い，多くの研究がなされている。特に，本書では，生物無機化学からバイオインスパイアードケミストリー（すなわち，バイオインスパイアード材料）までの，いわゆる，基礎から応用までの内容を解説する。また，生物界におけるエネルギー変換を考慮すると，**図1.1**に示すようなエネルギーと金属生体分子の関係[1]†，すなわち太陽からの放射エネルギーをどのようにして生命活動に取り込んでいるのかが重要であり，そこにおいて多くの金属生体分子が関与している。

ここで，生物無機化学，バイオミメティックケミストリー，バイオインスパイアード材料について，3章「金属ポルフィリン錯体による酸素分子の運搬・貯蔵－酸素分子の結合・解離平衡反応－」で取り上げる O_2 運搬体（人工血液）

---

†　肩付番号は，巻末の引用・参考文献の番号を示す。

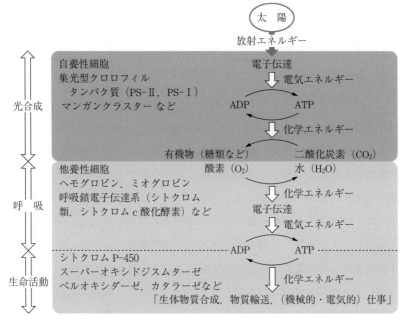

図1.1　生物界におけるエネルギー変換と金属生体分子の関係[1)]

や6章「金属ポルフィリン錯体による活性酸素の利用－活性酸素の添加触媒反応：抗酸化型抗がん剤－」を例に説明する。

〔1〕　**生物無機化学**

　生物無機化学（bioinorganic chemistry）とは，生体内における無機物の役割を研究する無機化学の一分野である。また，**無機生化学**（inorganic biochemistry）とも呼ばれる。一般に，無機化学の一分野なので，「基礎化学」の一部分であり，合成を扱うこともあるものの，いわゆる，概念および理論が中心の世界である。特に，無機化学の金属イオン，金属錯体，高分子金属錯体などを考慮した研究が多数行われている。例えば，3章のO_2運搬体（人工血液）においては，p.71に示した第3世代の「酸素化錯体」がその例であり，有機溶媒中で酸素化錯体を形成することを目指している。ただしその目的は，いわゆる，ヘモグロビンおよびミオグロビンのモデル化合物に留まっている。すなわち，実用的な，かつ，実践的な血液，血漿，生理食塩水などの生体内（in vivo）の領

域での検討まではまったくなされない。本書では，3 ～ 6章において，章の前半で，生物無機化学に関連するヘモグロビン，ミオグロビン，シトクロム c 酸化酵素，スーパーオキシドジスムターゼおよびこれらのモデル物質について紹介する。

〔2〕 バイオミメティックケミストリー

バイオミメティックケミストリー（biomimetic chemistry）とは，日本語表記すると**生物**（または**生体**）**模倣化学**であり，生物（または生体）の有する優れた機能を人工的に再現する「応用化学」の一分野である。特に，本書においては，ヘモグロビン，ミオグロビン，シトクロム c 酸化酵素，スーパーオキシドジスムターゼような金属酵素の機能を模倣する試みを検討し，3 ～ 6章の中間において，人工血液，燃料電池電極触媒，活性酸素センサー，抗がん剤に至る「応用化学」的な考え方，対応，実験，方法などについて，それぞれ，実践的に紹介するので，参考にしていただきたい。さらに，現在も含めて将来において，持続可能な社会の実現のためにも，いろいろな分野において検討していただきたいと考えている。

〔3〕 バイオインスパイアード材料

バイオインスパイアード材料とは，上記のバイオミメティックケミストリーから進展し，さらに密に生体分子，細胞などの生体物質・組織が多数組み込まれた新しい材料化学・工学の一分野である。本書では，バイオインスパイアード材料として，救急医療（救急時の医療）などに欠かせない「人工血液（人工酸素運搬体）」，これからのエネルギー時代を担う固体電解質型燃料電池の「（酸素極）電極触媒」，どんな炎症性疾患も瞬時に検知できる（特に，救急搬送中に判断できる）「活性酸素センサー」，現代病であり深刻な病であるがんに対応した高性能な「（抗酸化型）抗がん剤」について紹介する。さらに，工学的な化学分野なので，それらの設計指針，開発経緯，開発課題，未来予想などについても論述するので，考え方の一つとして参考にされたい。

1.2 金属生体分子の機能

1.2.1 物 質 輸 送

生体において物質輸送・貯蔵を担う金属生体分子の金属タンパク質には，①電子輸送系，② 金属輸送・貯蔵系および ③ 酸素輸送・貯蔵系があり，よく知られている血液中の**ヘモグロビン**（hemoglobin，**Hb**，血色素）は ③ に属し，シトクロム類は ① に属している。

Hb は，ヒトを含むすべての脊椎動物や一部のその他の動物の血液中に見られる赤血球の中に存在するタンパク質である。O_2 と結合する性質を持ち，哺乳類において肺から末端組織の全身に O_2 を運搬する役割を担っている。赤色素であるヘム（鉄（Ⅱ）プロトポルフィリイン IX）を持っているため赤色を帯びている[1,2]。

本書では，物質の輸送・貯蔵の例として，O_2 の輸送をする人工血液（人工赤血球）について 3 章で詳しく紹介する。

1.2.2 物 質 貯 蔵

1.2.1項で述べたように，生体において金属生体分子の金属タンパク質が物質輸送する例として，O_2 の輸送を担う Hb がある。同様に，金属生体分子の金属タンパク質が物質貯蔵する例として，O_2 の貯蔵を担う**ミオグロビン**（myoglobin，**Mb**）がある。

Mb は筋肉中にあり，代謝に必要なときまで O_2 を貯蔵する色素タンパク質である。例えば，クジラ，イルカ，アザラシなど水中に潜る哺乳類は大量の O_2 を貯蔵しなければならないので，これらの筋肉には Mb が特に豊富に含まれている。また，一般に動物の筋肉が赤いのはこのタンパク質に由来する[1~4]。

1.2.3 物 質 認 識

触媒作用を担う金属酵素には，やはり ① 加水分解酵素，② 酸化還元酵素お

および ③ 異性化酵素・シンセターゼがあり，② にはオキシダーゼ，レダクターゼ，ニトロゲナーゼ，ヒドロキシラーゼ，ヒドロゲナーゼ，スーパーオキシドジスムターゼ（SOD），ペルオキシダーゼ，カタラーゼなどの多くのものが含まれる。本書では，物質認識の一例として，活性酸素（スーパーオキサイド，superoxide）O_2^{-} を認識する SOD を取り上げる。具体的にはそれを応用したセンサー，すなわち，電気化学的な活性酸素センサーとして2章で解説する。活性酸素センサーは炎症性疾患を判定することができるため，今後有用な材料になると期待されている。

　ここでセンサーとは，外界からのさまざまな情報を捕らえ，電気信号に変換するデバイスのことであり，それは人間の五感（視覚，聴覚，臭覚，味覚および触覚の五つの感覚）を司る感覚器をサイボーグ化したものだと言える。

1.2.4 物 質 変 換

　物質変換には，例えば O_2 を4電子還元して水分子（H_2O）に変換する**シトクロム c 酸化酵素（Cyt c oxi）**や O_2^{-} を O_2 と過酸化水素（H_2O_2）に変換する O_2^{-} の添加触媒[†]である**スーパーオキシドジスムターゼ（SOD：superoxide dismutase）**などがある。本書ではシトクロム c 酸化酵素については燃料電池の電極触媒モデルと具体的な燃料電池電極触媒として4章で，SOD については抗酸化型抗がん剤として5章で紹介する。

1.2.5 バイオミメティクスケミストリーから
バイオインスパイアード材料へ

　表1.2に示すように，Hb，Mb のバイオインスパイアード材料としては人工血液が，Cyt c oxi のバイオインスパイアード材料としては燃料電池の電極触

[†]　1.2.3項で紹介したように，SOD は活性酸素 O_2^{-} を認識する酵素であり，その観点からすれば活性酸素センサーということになる。また，本項で紹介するように SOD は O_2^{-} を認識すると O_2 と H_2O_2 に物質変換するため，その観点からすれば SOD は活性酸素 O_2^{-} を分解・除去する酵素だともいえる。SOD の抗酸化剤や抗がん剤としての作用は，SOD の活性酸素除去の働きによるものである（5章参照）。

表 1.2 ヘムタンパク質および金属ポルフィリン錯体を用いた
バイオインスパイアード材料

機　能	金属生体分子または活性中心	バイオインスパイアード材料
酸素運搬・貯蔵	① ヘモグロビン（Hb） ② ミオグロビン（Mb）	人工血液
酸化還元	シトクロム c オキシダーゼ （Cyt c oxi）	燃料電池電極触媒モデルおよび 電極触媒（焼結系）
活性酸素検出	① スーパーオキシドジスムターゼ（SOD） ② シトクロム（Cyt）類	活性酸素センサー
活性酸素利用	① スーパーオキシドジスムターゼ（SOD） ② ペルオキシダーゼ（Per） ③ カタラーゼ（Cat）	抗酸化剤 抗がん剤
酸素添加触媒	シトクロム P-450（Cyt P-450）	人工酵素系
がん集積性	活性中心そのもの	抗がん剤

媒が，スーパーオキシドジスムターゼ（SOD）のバイオインスパイアード材料
としては活性酸素センサーおよび抗がん剤などがある。

　本書では，金属ポルフィリン・ヘムを含む金属生体分子，いわゆるヘムタン
パク質・ヘム酵素およびそれらと類似の機能を示す金属酵素である SOD を中
心に次章以降で説明していく。活性中心の構造は同一でも，ヘムタンパク質な
どは周囲のタンパク質環境の違いによって多彩な機能をもつことが知られてお
り，機能ごとに構造・名称も異なる。それらの機能を生かし，それぞれに応用
研究が現在も進められている。

2

金属生体分子の模倣とその作動安定性

2.1 金属生体分子の模倣とは

　金属生体分子の模倣は数多くあるが，ここでは一例として活性酸素を分解・除去する酵素の一つであるスーパーオキシドジスムターゼ（SOD）を例として示す。**表 2.1**[1)]に示すように，SOD の金属錯体による模倣は非大環状錯体系，

表 2.1　スーパーオキシドジスムターゼ（SOD）の金属錯体による模倣[1)]

系	錯　体
非大環状錯体系	M-デスフェラール錯体 M-キノリノール錯体 M-アミノポリカルボン酸錯体 M-トリスピラゾリルボレート錯体 M-プリミン錯体 M-ピリジン錯体 M-ピリジルポリカルボン酸錯体 M-ポリピリジン錯体 M-サッカリン酸錯体
大環状錯体系	M-サイクラム錯体（M-テトラアザシクロテトラデカン錯体 （M[14]aneN4 錯体）） M-ペンタアザシクロペンタデカン錯体（M[15]aneN5 錯体） M-サレン錯体 M-ポルフィリン錯体
高分子金属錯体系	高分子結合 M-ポルフィリン錯体 デンドリマー結合 M-ポルフィリン錯体 生体分子結合 M-ポルフィリン錯体 リポソーム包埋 M-ポルフィリン錯体

〔M＝Cu, Mn, Fe など〕

大環状錯体系および高分子金属錯体系に分けることができる。一般に，この順に作動安定性が高く，有効な模倣つまり材料への応用が可能となる。

　なお，錯体の名称の頭の「M-」はそれが金属錯体であること，つまり錯体分子の中心が金属（metal）分子（またはイオン）であることを表している。

2.2　非大環状錯体系

　非大環状錯体系には，表2.1に示したM-デスフェラール錯体，M-キノリノール錯体，M-アミノポリカルボン酸錯体，M-トリスピラゾリルボレート錯体，M-ブリミン錯体，M-ピリジン錯体，M-ピリジルポリカルボン酸錯体，M-ポリピリジン錯体，M-サッカリン酸錯体などがある。これらは簡単に合成できるが，安定性は非常に乏しい。そのため，モデル化合物の合成例としては意味があるが，材料応用には適さない。

2.3　大環状錯体系

2.3.1　M-サイクラム錯体，M-ペンタアザシクロペンタデカン錯体

　M-サイクラム（M-cyclam）**錯体**は，1, 4, 8, 11-テトラアザシクロテトラデカンという大環状の配位子を有する金属錯体であり，多くの種類の遷移金属イオンと金属錯体を作る。「窒素（N）- 炭素（C）- 炭素（C）」の繰り返し単位を n として，$n = 4$ で一順し（90°回転で同じ構造になる4回転対称），その中央に金属イオンが4配位する。化学的性質として，水（H_2O）に溶ける白色の固体である。一般に，記述上は平面に書くので二次元的な構造であると考えられるが，「$-NH-CH_2-CH_2-$」という自由度の高い結合なので，三次元的な，ゆるい構造である。特に，窒素（N）の水素（H）基がアルキル基に置き換わった N-アルキル誘導体が多く存在する。

　また，**M-ペンタアザシクロペンタデカン錯体**は，M-サイクラム錯体（M-テトラアザシクロテトラデカン錯体）と同じ「窒素（N）- 炭素（C）- 炭素（C）」

の繰り返し単位（n）が $n=5$ になったものである。

　M-サイクラム錯体，M-ペンタアザシクロペンタデカン錯体の参考として，アルフェンの文献[5]などがある。

2.3.2　M-サレン錯体

M-サレン（M-salen）**錯体**は，N, N-ビス（2-ヒドロキシベンジリデン）エチレンジアミンという大環状の配位子を有する金属錯体である。サレン配位子は，二つのベンゼン環の１位に－CH＝N－CH$_2$－CH$_2$－N＝CH－基が架橋し，それら二つのベンゼン環の２位に，それぞれ－OH基を有する構造（**図2.1**）である。

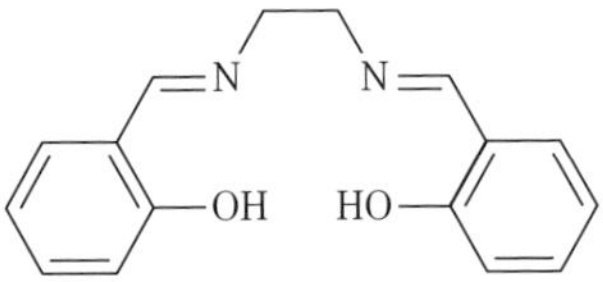

図2.1　サレン配位子

　このサレン配位子に金属イオンが二つのNおよび二つのOに配位する４配位型の環状錯体を形成してM-サレン錯体となる。中心金属イオンを通る面に対して対面的な配位子構造を有し（面対称），その中央に金属イオンが４配位する。化学的性質としては，黄色の固体である。一般に平面的に記述するので二次元的な構造であると考えられてしまうが，図のように自由度の高い結合のため，実際には三次元的なゆるい構造である。

　M-サレン錯体は，M-サイクラム錯体よりも性能が高く，また合成が簡単なため，つぎの 2.2.3 項で紹介する M-ポルフィリン錯体の誘導体が出現するまでは，代表的なモデル化合物（ミミックス）として多く用いられていた。参考として，ラロー（Larrow）らの文献[6]などがある。

2.3.3　M-ポルフィリン錯体

M-ポルフィリン錯体（金属ポルフィリン錯体）は，平面状の大環状化合物で

あり，平面4配位が可能である。構造的にひずみが少なく安定であり，平面4配位以外にもその平面に対して垂直方向に上下2配位が可能である。これらのことから，M-ポルフィリン錯体は作動安定性が高く，モデル化合物や材料として使いやすい。

M-ポルフィリン錯体は，特に哺乳類においては非常に重要かつ興味深い物質である。2.4節で，ヘム（M-ポルフィリン錯体が哺乳動物に存在する鉄（II）プロトポルフィリン IX であるもの）および一般の M-ポルフィリン錯体について基礎，合成，構造，性質などを説明していく。

2.4　高分子金属錯体系

数多くある金属生体分子の模倣の中で最も作動安定性が高いものは，模倣の完成系に最も近い**高分子金属錯体系**（polymer metal complexes）である。金属イオンを含む高分子化合物のことであり，早稲田大学理工学部の 故 土田英俊先生（著者の恩師でもある）が名付け親である。なお，広義には，金属錯体単位を含む高分子化合物を指すこともある[7, 8, 42, 43]。

例えば，高分子金属錯体の合成と触媒作用の例として，電子移動反応と酸化重合触媒への触媒媒作用のある金属錯体を合成高分子に導入して触媒活性高分子を得ることは，いわば高分子の修飾を受けた触媒挙動を示すことになる。そのため，例えば金属酵素モデルへのアプローチという動機などから多くの研究者の関心を集め，数多くの報告がある。しかしながら，一般に扱われている錯体構造は必ずしも明確ではなく，これが錯体の反応性や触媒活性に関する取扱いを困難なものにしている。

この観点から，まずは構造が明確な高分子金属錯体の合成を試み，その高分子について錯体化学の諸問題を掘り下げて検討していくことが重要である。特に，高分子効果を単離して単純な合成高分子上に一つずつ特定し，機能性の定量的追求を可能にすることが大切である。

　本書では，その考え方に基づいて，生体中での高分子金属錯体である金属タンパク質，金属酵素のような金属生体分子，そのバイオミメティックケミストリーの考え方から発生したバイオインスパイード材料について，金属ポルフィリン錯体，高分子金属ポルフィリン錯体などの金属ポルフィリン錯体系を用いた，人工血液，燃料電池電極触媒，活性酸素センサー，抗がん剤などの先端的で高機能なバイオインスパイアード材料について解説する。

　そこでまずは，金属生体分子の一つということで，金属ポルフィリン錯体系の基礎について，次節で説明していく。

2.5　金属ポルフィリン錯体系の基礎

2.5.1　分類および命名法[7]

　一般に，**ポルフィリン**（porphyrin）とは4個のピロール環をメチン基（-CH=）で結合した環状化合物であるポルフィン（**図2.2**）を基本骨格とし，周囲にある水素原子を置換によって得られる化合物（化合物1と略す）の総称である。ヘム[†]および一般のM-ポルフィリン錯体には，図2.2に示すような**Fischer命名法**および**IUPAC命名法**があり，さらに，ポルフィリンのデザインから**表2.2**のようにまとめられている。

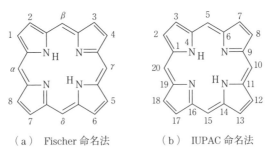

（a）　Fischer命名法　　　（b）　IUPAC命名法

図2.2　ポルフィリン錯体（化合物1）[7]

[†]　M-ポルフィリン錯体の一種で，哺乳類の体内に存在する鉄（II）プロトポルフィリンIXのことである。一般に，ヘムはポルフィリンの鉄錯体の慣用名であり，狭義にはその鉄（II）錯体を言う。

表2.2 慣用的なポルフィリンの名称（Fischer 命名法）と構造[7]

ポルフィリン	1	2	3	4	5	6	r	7	8
エチオポルフィリン I	Me	Et	Me	Et	Me	Et	H	Me	Et
オクタエチルポルフィリン	Et	Et	Et	Et	Et	Et	H	Et	Et
デューテロポルフィリン IX	Me	H	Me	H	Me	P^H	H	P^H	Me
メソポルフィリン IX	Me	Et	Me	Et	Me	P^H	H	P^H	Me
ヘマトポルフィリン IX	Me	OH | CH-Me	Me	OH | CH-Me	Me	P^H	H	P^H	Me
プロトポルフィリン IX	Me	V	Me	V	Me	P^H	H	P^H	Me
コプロポルフィリン I	Me	P^H	Me	P^H	Me	P^H	H	Me	P^H
コプロポルフィリン III	Me	P^H	Me	P^H	Me	P^H	H	P^H	Me
ウロポルフィリン I	A^H	P^H	A^H	P^H	A^H	P^H	H	A^H	P^H
ウロポルフィリン III	A^H	P^H	A^H	P^H	A^H	P^H	H	P^H	A^H
クロロクルオロポルフィリン	Me	CHO	Me	V	Me	P^H	H	P^H	Me
ペムトポルフィリン	Me	H	Me	V	Me	P^H	H	P^H	Me
デューテロポルフィリン IX 2,4-ジ-アクリル酸	Me	Acr^H	Me	Acr^H	Me	P^H	H	P^H	Me
2,4-ジホルミルデューテロポルフィリン IX	Me	CHO	Me	CHO	Me	P^H	H	P^H	Me
2,4-ジアセチルデューテロポルフィリン IX	Me	Ac	Me	Ac	Me	P^H	H	P^H	Me
デューテロポルフィリン IX 2,4-ジスルホン酸	Me	SO_3H	Me	SO_3H	Me	P^H	H	P^H	Me
フィロポルフィリン XV	Me	Et	Me	Et	Me	H	Me	P^H	Me
ピロポルフィリン XV	Me	Et	Me	Et	Me	H	H	P^H	Me
ロドポルフィリン	Me	Et	Me	Et	Me	CO_2H	H	P^H	Me
フィロエリトリン	Me	Et	Me	Et	Me	CO——CH$_2$		P^H	Me
ディソキソフィロエリトリン	Me	Et	Me	Et	Me	CH$_2$——CH$_2$		P^H	Me
フェオポルフィリン a$_5$	Me	Et	Me	Et	Me	CO——CH | CO_2Me		P^H	Me

Me：メチル，Et：エチル，V：ビニル，P^H：$CH_2CH_2CO_2R$，A^H：CH_2CO_2R，Ac：CO_2Me，
Acr^H：$CH:CHCO_2H$

ポルフィリンとその類縁体には，図2.2の化合物1および**図2.3**のようなものがある（化合物2〜12）[†]。

例えば，図2.3に示した中で，特に多く用いられるポルフィリンの命名法の例を示すと，図（a）の**プロトポルフィリンIX**（化合物2）の場合は

・Fischer命名法：　プロトポルフィリンIX（protoporphyrin IX）

・IUPAC命名法：　2, 7, 12, 18-テトラメチル-3, 8-ジビニル-13, 17-ビス（カルボキシエチル）ポルフィン（2, 7, 12, 18-tetrame thyl-3, 8-divinyl-13, 17-bis (carboxyethyl) porphine）

図（b）の**オクタエチルポルフィリン**（化合物3）の場合は

・Fischer命名法：　1, 2, 3, 4, 5, 6, 7, 8-オクタエチルポルフィリン（1, 2, 3, 4, 5, 6, 7, 8-octaethyl porphyrin）

・IUPAC命名法：　2, 3, 7, 8, 12, 13, 17, 18-オクタエチルポルフィン（2, 3, 7, 8, 12, 13, 17, 18-octaethylporphine）

図（c）の**テトラフェニルポルフィリン**（化合物4）の場合は

・Fischer命名法：　メソ-テトラフェニルポルフィリン（meso-tetraphenylporphyrin）

・IUPAC命名法：　5, 10, 15, 20-テトラフェニルポルフィン（5, 10, 15, 20-tetraphenylporphine）

さらに，図（j）の**金属ポルフィリン**（化合物11）の鉄（II）ポルフィリンの場合は

・Fischer命名法：　鉄（II）ポルフィリン（iron (II) por phyrin）

・IUPAC命名法：　ポルフィナト鉄（II）（porphinatoiron (II)）

のように表す。

† 2章に出てくる化合物（1〜38）の一覧を巻末に付録として示した。

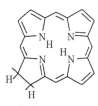

（a）　プロトポルフィ
リンⅨ（化合物 <u>2</u>）

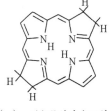

（b）　オクタエチルポル
フィリン（化合物 3）

（c）　テトラフェニルポル
フィリン（化合物 4）

（d）　クロリン
（化合物 <u>5</u>）

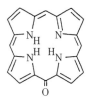

（e）　バクテリオクロリン
（化合物 <u>6</u>）

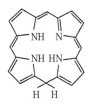

（f）　コリン（化合物 <u>7</u>）

（g）　ポルフィリノーゲン
（化合物 <u>8</u>）

（h）　オキソフロリン
（化合物 <u>9</u>）

（i）　フロリン（化合物 <u>10</u>）

（j）　金属ポルフィリン
（化合物 <u>11</u>）

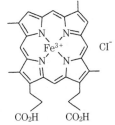

（k）　デューテロヘミン
（化合物 <u>12</u>）

図2.3　ポルフィリンとその類縁体

2.5.2 合　成　法 [7]

〔1〕 天然ポルフィリン錯体からの合成

　図 2.4 の反応式に示すように，プロトヘミン IX（化合物 13）（鉄（III）プロトポルフィリン IX）[†1] の中心金属イオンである鉄（III）を除くとプロトポルフィリン IX（化合物 2）となり，そのカルボン酸残基をエステル化する[†2] ことにより，疎水的なポルフィリンであるプロトポルフィリン IX ジメチルエステル（化合物 14）となり，さらに，化合物 2 からビニル基を水酸基にすると親水的なポルフィリンであるヘマトポルフィリン IX（化合物 15）になる。なお，上記から，ほかにもメソポルフィリン IX ジメチルエステル，デューテロポルフィリン IX およびその誘導体も得られる。

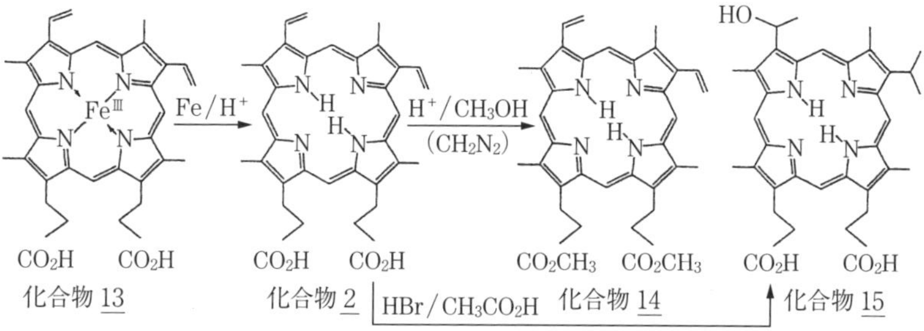

図 2.4　プロヘミン（化合物 13）からプロトポルフィリン IX ジメチルエステル（化合物 14，疎水的化合物）およびヘマトポルフィリン IX（化合物 15，親水的化合物）への反応式

〔2〕 （無置換の）ポルフィン錯体の合成

　（無置換の）ポルフィン錯体[†3]（およびその金属錯体）の合成については，数多くの報告例があるが，近年アードラー（A. D. Adler）ら，根谷（S. Neya）ら，アンソン（F. C. Anson）らによって，非常に効率的に合成されている[8~12]。

---

†1　哺乳類の血液中の II 価の鉄（鉄（II））のプロトポルフィリン IX が酸化された錯体である。II 価が中性状態なので，III 価の場合には対応する負のイオンが必要となる。それをカウンターイオンという。一般にハロゲンイオンが用いられ，ここでは塩素イオン（Cl⁻）がカウンターイオンとなる。

†2　ポルフィリンの代わりにベンゼンについたカルボン酸（すなわち，安息香酸）のエステル化を考えるとわかりやすい。

†3　一般に，無置換（-H のみ）の錯体は「ポルフィリン錯体」ではなく，「ポルフィン錯体」と称する。

一例として，根谷（S. Neya）らによるポルフィン錯体合成の反応条件[9]を**表 2.3**に示す。

表2.3 根谷（S. Neya）らによるポルフィン錯体合成の反応条件[9]

番号	条件（滴下時間／温度）	収量〔%〕
1	10 min／90℃	0.90
2	10 min／140℃	0.02
3	10 min／80℃	0.14
4	1 回の全液添加／90℃	0.23
5	5 min／90℃	0.46
6	20 min／90℃	0.75

〔3〕 β位置換ポルフィリン錯体の合成

この合成法には，つぎの3種類の合成方法がある。一つ目は，**図2.5**に示す（オクタエチルポルフィリン（化合物<u>3</u>）を例にした）ピロールによる合成方法である。

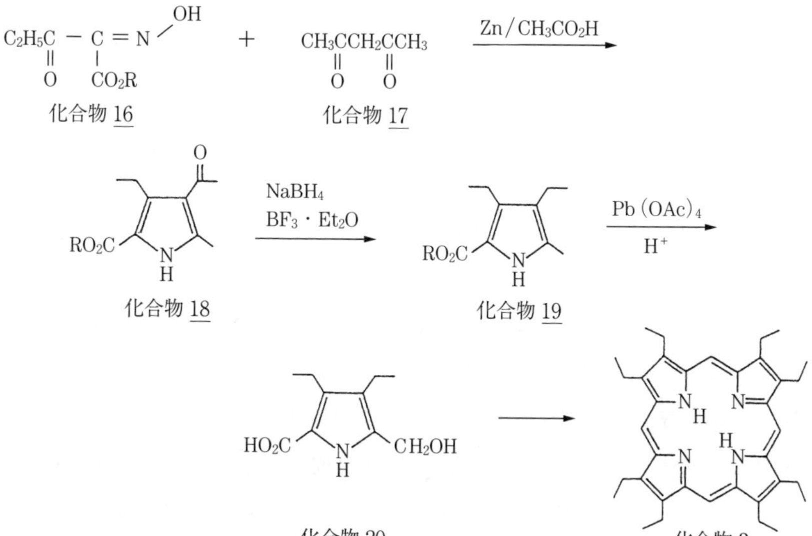

図2.5 （オクタエチルポルフィリン（化合物<u>3</u>）を例にした）ピロールによる合成方法

　二つ目は，**図2.6**に示す（メソ-ジフェニルポルフィリン（化合物 <u>25</u>）を例にした）ジピロールメテン（化合物 <u>23</u>）による合成方法である。

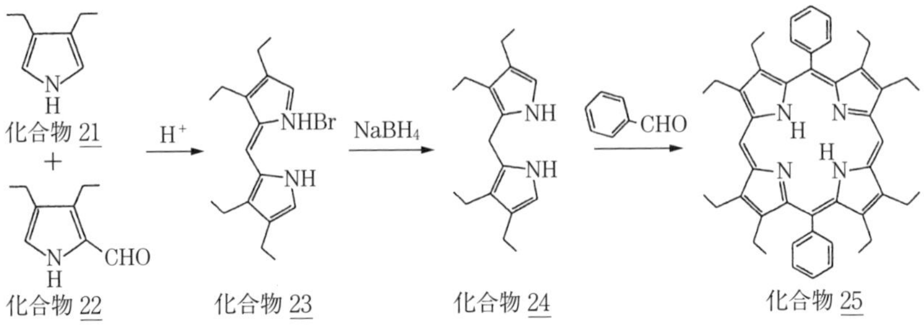

図2.6　（メソ-ジフェニルポルフィリン（化合物 <u>25</u>）を例にした）ジピロールメテンによる合成方法

　三つ目は，**図2.7**に示す（ポルフィン錯体（化合物 <u>1</u>）を例にした）ピロール（化合物 <u>26</u>）とアルデヒド誘導体（RCHO）による合成方法である。ここではアルデヒド（HCHO）を用いている。

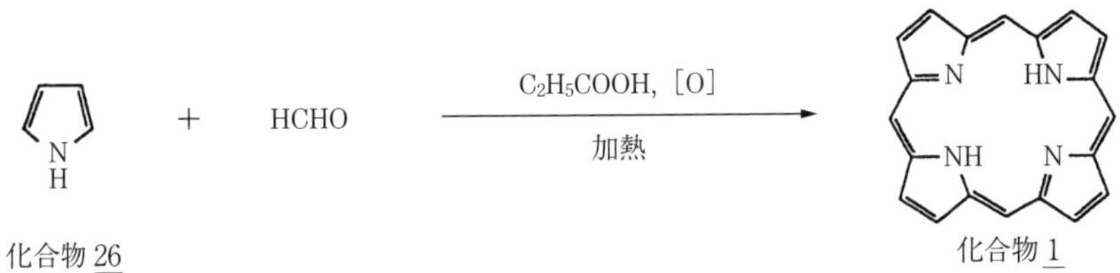

図2.7　（ポルフィリン錯体（化合物 <u>1</u>）を例にした）ピロールとアルデヒド誘導体による合成方法

　なお，上記の方法では目的とする β 位置換ポルフィリンの前駆体となるピロール誘導体（3,4位置換ピロール）の合成が可能であるかどうかが鍵となる。

　特に，図2.5に示す方法の場合，β-ケトエステルに亜硝酸ナトリウムを加えてオキシミノケトエステル（化合物 <u>16</u>）を生成し，さらに亜鉛末-酢酸の系中で β-ジケトン（化合物 <u>17</u>）を縮合させてピロール（化合物 <u>18</u>）が得られる。このアシル基を $NaBH_4/BF_3 \cdot (C_2H_5)_2O$ を用いて還元することにより，3,4-ジエチルピロール誘導体（化合物 <u>19</u>）を得ることができる。これと四酢酸鉛（Pb

$(OAc)_4$）を用いて，α-位のメチル基のアシル化を行い，さらにアルカリで加水分解し，希塩酸で中和し，四量化，環化，酸化反応することでオクタエチルポルフィリン（化合物3）の粗生成物が得られる。反応終了後，溶媒を除去してメタノールで洗滌し，アルミナクロマトによりクロロホルムで溶出し，それを再結晶させれば純粋なオクタエチルポルフィリン（化合物3）が得られる。

他の方法として，臭素化し，アミンの求核置換反応でジエチルアミノメチルとし，分離せずに一方のエステルを加水分解し，カリウム塩として，化合物3の前駆体を得る方法もある。また，さらに別の方法として，2-位のメチル基をトリクロル化してから加水分解しながら，同時に5-位のエステルも加水分解し，さらに脱炭酸後に3,4-ジエチルピロールを得，それをアミノメチル化し，化合物3に誘導するという方法もある。詳細は，文献7）を参照されたい。なお，オクタメチルポルフィリンもこれらの方法により，同様に得られる。

〔4〕 メソ位置換ポルフィリン錯体（およびその金属錯体）の合成

この方法の例として，a）疎水性のアルキル基を入れるテトラアルキルポルフィリン錯体の合成，b）疎水性のテトラフェニルポルフィリン錯体（化合物4）の合成方法およびc）親水性のポルフィリン（水溶性ポルフィリン）錯体の合成方法を示すことにする。

a） 疎水性のアルキル基を入れるテトラアルキルポルフィリン錯体　疎水性であるアルキル基を入れるテトラアルキルポルフィリン（**図2.8**）については，近年，アンソン（F. C. Anson），湯浅らが勢力的に合成しており，一連

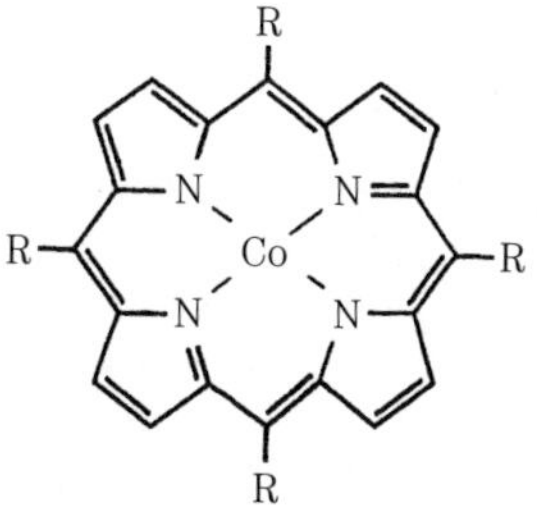

−R：$-CH_2CH_3$	CoTEtP
$-CH_2CH_2CH_3$	CoTPrP
$-CH_2CH_2CH_2CH_3$	CoTBuP
$-CH_2CH_2CH_2CH_2CH_3$	CoTPeP
−H	CoP
$-CH_3$	CoTMeP

図2.8　メソ位にアルキル鎖を有するポルフィリン錯体の一例[11)]

のメチル基から長鎖アルキル基まで合成している[10~12]。特に，長鎖アルキル基を有する錯体は，アルコール溶液中で逆ミセル構造を示す，興味深い特性を示している。そして，このコバルト錯体を用いて，酸素分子の4電子還元について検討している。これについては，後の4章で述べる。

　b）　疎水性のテトラフェニルポルフィリン錯体　　テトラフェニルポルフィリン錯体（化合物4）の合成は，**図2.9**の反応式のようにピロールとアルデヒド誘導体による合成法が一般的である。特に，対象形化合物の場合は，Zn（II）イオンを導入してキレート的に合成収率を上げる場合がある。

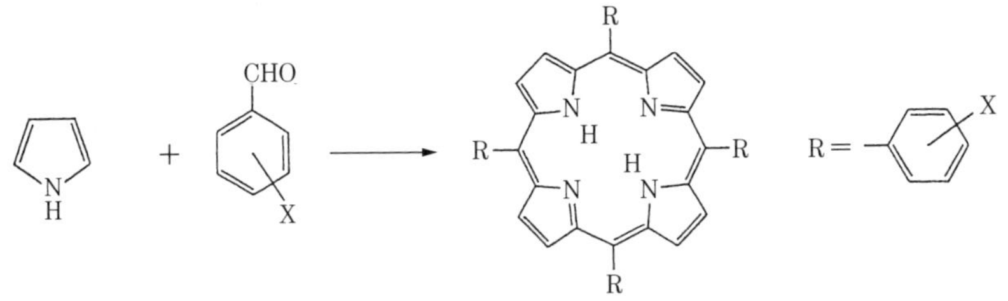

化合物26　　　　　　化合物27　　　　　　　　　　化合物4

図2.9　ピロールとアルデヒド誘導体によるテトラフェニル
ポルフィリン錯体（化合物4）の合成法

　c）　親水性のポルフィリン錯体　　親水性のポルフィリン錯体の合成は，b）の合成方法と同様に，ピロールとアルデヒド誘導体による合成方法が一般的であり，つぎの三つの方法がある。

　　①　a）に準じ，$-SO_3H$，-COOH，$-NH_2$などの入ったベンズアルデヒドを用いる方法。

　　②　a）により得られた化合物4をスルホン化する方法。

　　③　a）に準じ，ベンズアルデヒドの代わりにピリジルアルデヒドを用いる方法（**図2.10**）。

　〔5〕　副生成物クロリン誘導体の処理

　上記の各合成において，副生成物であるクロリン誘導体（図2.3（d）の化合物5の誘導体）が生じる場合がある。この場合，副生したクロリンを2,3-ジ

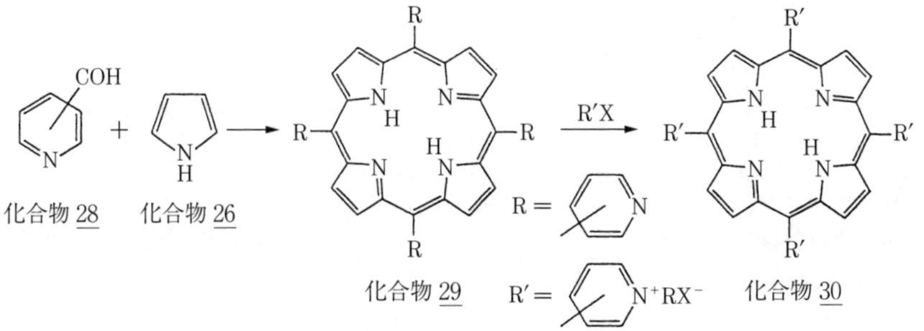

図 2.10 ピロールとアルデヒド誘導体による親水性のポルフィリン錯体（化合物 30）の合成法

クロロ-5,6-ジシアノ-ベンゾキノンで酸化すればポルフィリン誘導体になる（カラムクロマトグラフィーなどによる精製よりも収率を上げられる点でも効果的である）。

〔6〕 **複雑な修飾のための置換ポルフィリンの合成**

複雑な修飾のためのポルフィリン合成方法としては，まず初めに，ハロゲン化ポルフィリンを合成（**図 2.11**）してから，そのハロゲンを用いて修飾する方法がある。ここでは一例として，ブロモポルフィリン（化合物 31〜35）を合成した後，化合物 32 のブロモ基をシアノ化してシアノポルフィリン（化合物 38）を合成する方法を**図 2.12**に示す（中間体として化合物 36 および化合物 37 の亜鉛錯体がある）†。

---

† 図 2.12 の図中に「CH₃COOH/H₂O」「HCl/H₂O」という記載がある。これは，それぞれ「CH₃COOH と H₂O」「HCl と H₂O」のように二つの物質を表している。一方，「Zn(OAc)₂・2H₂O」のように「・」で H₂O とつなげて記載している場合は結合水であることを表している。以降の本文，図表中も同様である。

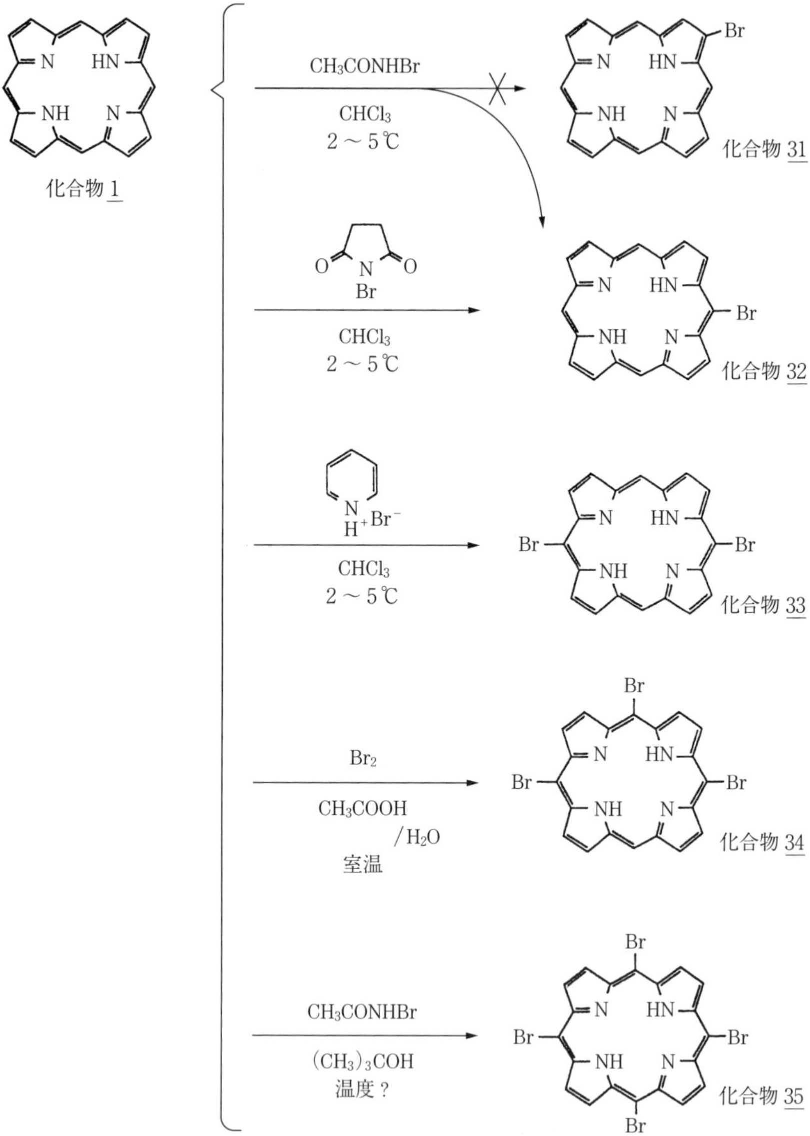

図 2.11 ハロゲン化ポルフィリンの合成：ブロモポルフィリン（化合物 <u>31</u>〜<u>35</u>）

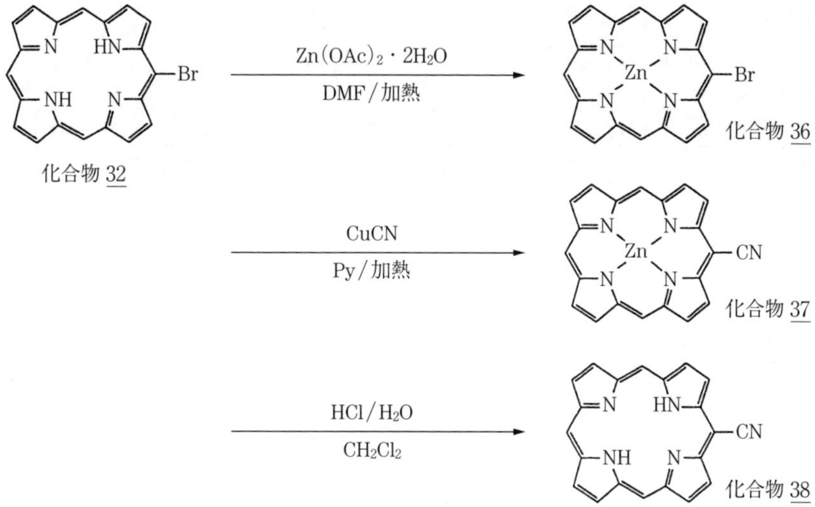

図2.12 シアノ化ポルフィリンの合成：シアノポルフィン（化合物 38）

〔7〕 **金属ポルフィリン錯体の合成とその安定性**

　金属ポルフィリン錯体の合成方法（ポルフィリンへの金属導入法）を**表2.4**[7]に，金属ポルフィリンの安定性と脱金属化を**表2.5**[13]にまとめて示す。特に，ポルフィリンへの金属導入法については，文献7) 19) 26) に詳細に示されているので，参照されたい。特に，表中の方法はその系に対応する溶媒別に示しているので，系はそれに関係する溶媒と考えると理解しやすいと考える。

表2.4　金属ポルフィリン錯体の合成方法（ポルフィリンへの金属導入法）[9]

方　法	系	温度〔℃〕	導入された金属
酢酸法	MX_mL_n/HOAc	100	Zn, Cu, Ni, Co, Fe, Mn, Ag, In, V, Hg, Tl, Sn, Pt, Rh, Ir
ピリジン法	MX_m/Py	115〜185	Mg, Ca, Sr, Ba, Zn, Cd, Hg, Si, Ge, Sn, Pb, Ag, Au, Tl, As, Sb, Bi, Sc
アセチルアセトナート法	$M(acac)_n$/溶媒	180〜240	Mn, Fe, Co, Ni, Cu, Zn, Al, Sc, Ga, In, Cr, Mo, Ti, V, Zr, Hf, Eu, Pr, Yb, Y, Th
フェノール法	MX_m/PhOH	180〜240	Ta, Mo, W, Re, Os, (X = O, OPh, acac, Cl)
ベンゾニトリル法	MCl_m/PhCN	191	Nb, Cr, Mo, W, Pb, Pt, Zr, In
DMF法	MCl_m/DMF	153	Zn, Cu, Ni, Co, Fe, Mn, V, Hg, Cd, Pb, Sn, Mg, Ba, Ca, Pb, Ag, Rh, In, As, Sb, Tl, Bi, Cr
有機金属法	MR_m/溶媒	25	Mg, Al, Ti
金属カルボニル法	$MX_m(CO)_n$/溶媒	80〜200	Cr, Mo, Mn, Tc, Re, Fe, Ru, Co, Rh, Ir, Ni, Os

表2.5　金属ポルフィリン錯体の金属イオンの安定性と脱金属化[13]

安定度クラス	I	II	III	IV	V
試薬 (25℃, 2時間)	H_2SO_4 100%	H_2SO_4 100%	HCl/H_2O/ CH_2Cl_2	HOAc 100%	H_2O/ CH_2Cl_2
脱金属化*	±	+	+	+	+
例	Sn(IV)	Fe(III) Cu(II) Co(II)	Fe(II) Zn(II)	Mg(II)Ba	Ba(II)

*＋：完全に脱金属化，±：不完全に脱金属化

また，ポルフィリンの中心にすべての金属イオンが同様に安定に存在できる
わけではなく，金属イオンの半径，太陽光などの電磁波，酸などの環境を考慮
したときに脱金属化する場合がある。脱金属化する度合いを示したのが表2.5
の**安定度クラス**（stability class）である。金属錯体の中心金属イオンの入れ替
えや金属イオンのフリー（取り去り）が必要な場合が多々あるので，この条件
を理解していれば，参考にすると非常に便利である。

さらに，スミス（K. M. Smith）らがまとめた各種化学定数と金属ポルフィリンの中心金属イオンの安定性の関係を示す表を**表 2.6**[14)]を示す。特に，イオン半径 r_i において，カッコ付きでない数値は配位数 6，角カッコ（大カッコ）の数値は配位数 4 およびカッコの数値は推定値である。また，安定度クラスには対応する場合（良（good fit））と対応しない場合（否（bad fit））があるので，注意されたい。

表 2.6 酸化数 2〜5 における金属ポルフィリン錯体の中心金属イオンの安定度定数 S_i および安定度クラス（I〜V）[14)]

酸化数 Z	金属	陰電性度 E_N	イオン半径 r_i[pm]	E_N/r_i ×100	安定度定数 S_i	安定度クラス 良	安定度クラス 否	備考
2	Pd	2.20	[64]	3.44	6.88	I		
	Ni	1.91	[60]	3.18	6.37	II		
	Cu	1.90	[62]	3.06	6.12	II		
	Pt	2.28	(78)	2.92	5.85		I	r_i が不適切なため
	Co	1.88	65	2.89	5.78	II		低スピン
	Fe	1.83	77	2.38	4.76	III		
	Ag	1.93	(84)	2.30	4.60		II	r_i が不適切なため
	Zn	1.65	74	2.23	4.46	III		
	Sn	1.96	93	2.11	4.22	−		未調査
	Cr	1.66	82	2.02	4.05	−		未調査
	Pb	2.33	118	1.97	3.95	IV		
	Hg	2.00	102	1.96	3.92	IV		CH_2Cl_2/H_2O の中では V
	Mn	1.55	82	1.89	3.78	IV		
	Mg	1.31	72	1.82	3.64	IV		
	Cd	1.69	95	1.78	3.56	IV		
	Ca	1.00	100	1.00	2.00	V		
	Sr	0.95	116	0.82	1.64	V		
	Ba	0.89	136	0.65	1.31	V		

表 2.6 （つづき）

酸化数 Z	金属	陰電気性度 E_N	イオン半径 r_i[pm]	E_N/r_i ×100	安定度定数 S_i	安定度クラス 良	否	備　考
3	Au	2.54	[70]	3.63	10.88	I		
	Ir	2.20	[(71)]	3.10	10.38	I		
	Rh	2.28	[66]	3.45	10.36	I		
	Sb	2.05	74	3.38	10.14		III	
	Ru	2.2	68	3.24	9.71	I		
	Co	1.88	61	3.08	9.25		II	Co(III) ではなく Co(II)
	Al	1.61	53	3.04	9.11	I		
	Ga	1.81	62	2.92	8.76	II		
	Fe	1.83	64	2.86	8.58	II		
	Cr	1.66	62	2.68	8.03		I	Cr(III) 非常に不活性
	Mn	1.55	65	2.38	7.15	II		
	Tl	2.04	88	2.32	6.95	II		
	In	1.78	79	2.25	6.76	III		
	Bi	2.02	102	1.98	5.94	III		
	Sc	1.36	73	1.86	5.59	IV		
	Y	1.22	89	1.37	4.11	< II		
	La	1.10	106	1.03	3.11	−		未調査
4	Si	1.90	40	4.75	19.00	I		
	Ge	2.01	54	3.72	14.89	I		
	Os	2.2	63	3.49	13.97	I		
	Pb	2.33	78	2.99	11.95	−		未調査
	Sn	1.96	69	2.84	11.36	I		
	V	1.63	59	2.76	11.05	I		少量の場合は II
4	Ti	1.54	60	2.57	10.27	II		
	Zr	1.33	72	1.85	7.39	II		
	Hf	1.3	71	1.83	7.32	II		
	Ce	1.1.2	80	1.40	5.60	−		錯体として知られていない
	Th	1.3	100	1.30	5.20	< II		

表 2.6 （つづき）

酸化数 Z	金属	電気陰性度 E_N	イオン半径 r_i〔pm〕	E_N/r_i ×100	安定度定数 S_i	安定度クラス 良	安定度クラス 否	備考
5	As	2.18	50	4.36	21.80	I		
	W	2.36	(62)	3.81	19.03	I		
	Mo	2.16	63	3.43	17.14		II	Mo(V)ではなくMo(IV)
	Sb	2.05	61	3.36	16.80	I		還元状態
	Re	1.9	(61)	3.11	15.57	I		
	Nb	1.6	64	2.50	12.50		III	還元状態
	Ta	1.5	64	2.34	11.72		III	還元状態

2.5.3 X線結晶構造解析[7, 15~22]

　ポルフィリン錯体の構造について，X線結晶構造解析より検討した内容を紹介する。まず，中心金属イオンのない金属フリーのポルフィリンについて，オクタエチルポルフィリンの構造を**図 2.13**に示す[7, 15]。

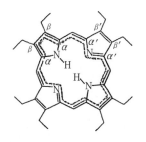

箇　所	結合距離〔Å〕
N–Cα	1.367
N–Cα'	1.364
Cα–Cβ	1.438
Cα'–Cβ'	1.462
Cβ–Cβ	1.373
Cβ'–Cβ'	1.353
Cα–N–Cα	109.6
Cα'–N–Cα'	105.7
N–Cα–Cβ	107.7
N–Cα'–Cβ'	110.8
Cα–Cβ–Cβ	107.4
Cα'–Cβ'–Cβ'	106.3
N–H	0.92

図 2.13　オクタエチルポルフィリンのX線結晶構造解析による構造[7, 15]

　ポルフィリン環周辺の置換基を取り除いたポルフィリンの基本骨格に差異はない。水素のついたピロールは対称軸上に向かい，水素のついていないピロールと区別される。これより，分子内水素結合の構造ではなく，さらに，水素位置による互変異性体が（**図2.14**[19]）が生じる。さらに，（金属イオンの配位していない）フリーベースのポルフィリンにおいては，共鳴構造の寄与の大きいものは，長軸および短軸を有する。すなわち，π電子の非局在化が生じ，芳香族性を示す。一般に，18員環の18π電子系と考えられている。このため，Huckel則 $4n+2$，$n=4$ を満足している。このため，C-C間の結合距離が0.135〜0.146 nmであり，二重結合と単結合の間の値となっている。さらに，ポルフィリン面はほぼ平面となっている。

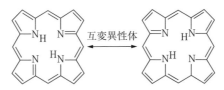

図2.14　ポルフィン錯体の互変異性体[19]

　つぎに，金属ポルフィリンについて述べる。一般に，二価の金属ポルフィリンでは錯形成に伴う配位子の構造変化は少なく，分子対称性が増加する。すなわち，D_{4h}点群であり，代表例としてはNi(II)オクタエチルポルフィリンなどがある。また，4個の窒素原子により構成される空孔の大きさと金属イオンの不適合や金属ポルフィリンの錯形成に伴う配位子の強さにより構造変化が生じ

表2.7　配位子の違いによる鉄（III）テトラフェニルポルフィリンの
構造および電子状態の変化[7,19]

錯　　体	スピン状態	Ct-N	Fe-N	Ct-Fe	Fe-L
TPP・Fe (III)・Cl	高スピン	2.012	2.049	0.38	2.192
TPP・Fe (III) (DMSO)₂ClO₄	〃	2.045	2.045	0	2.069 / 2.078
TPP・Fe (III) (ClO₄)	中間スピン	1.979	1.997	0.27	2.025
TPP・Fe (III) (Imd)₂ClO₄	低スピン	1.984	1.984	0.009	1.945 / 1.991

る場合がある。一例として，**表2.7**に鉄(III) テトラフェニルポルフィリンの構造例を紹介する。

2.5.4　特性と性質，および環境評価[7, 19, 26]

ポルフィリンの特性と性質，および環境評価について，以下に示す。

〔1〕　**分子軌道法による電子状態**[7, 13, 14, 19~22]

分子軌道法による電子状態の解析より，ポルフィリンのπ電子系の最高被占軌道（HOMO：highest occupied molecular orbital）および最低空軌道（LUMO：lowest unoccupied molecular orbital）は**図2.15**に表されるように，ポルフィリン環を周回する波動関数と電子系を考慮すると，一種の「電子のプール」のような状態であり，これにより生体内の電子授受やメディエーターとして作用している[7, 19]。なお，詳細な検討としては，H. Kashiwagi（柏木浩）らによる鉄ポルフィン錯体の ab initio SCF MO 法の解析例[23, 24]があるので参照されたい。

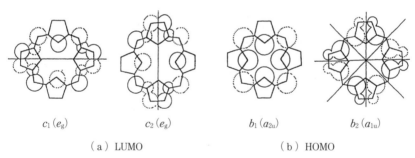

c_1 (e_g)　　　　c_2 (e_g)　　　　b_1 (a_{2u})　　　　b_2 (a_{1u})

（a）LUMO　　　　　　　　（b）HOMO

（○印の大小は電子密度，実・破線は波動関数の正・負を表す）

図2.15　ポルフィリン錯体のπ電子系の分布[7, 19]

〔2〕　**ポルフィリンの環電流効果と核磁気共鳴および核磁気共鳴のリポソームへの応用**[7, 13, 14, 19, 26]

ポルフィリン共役環に基づく非常に明確かつ強調的な**環電流効果**（ring current effect）が生じる[19]（**図2.16**）。そのため，**核磁気共鳴**（NMR：nuclear magnetic resonance）吸収スペクトルに大きな影響を与える[14]（**表2.8**および**図2.17**）。

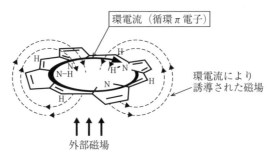

図 2.16　ポルフィリンの環電流効果[19)]

表 2.8　ポルフィリン錯体の NMR データ[14)]

プロトン	化学シフト δ〔ppm〕			
	ポルフィリン	TPP	OEP	Pc
N-H	-3.76	-2.81	-3.74	
-CH₂CH₃			1.95	
-CH₂CH₃			4.14	
(フェニル基 o,p)		7.80		
(フェニル基 p)		7.80		
(フェニル基 m)		8.30		
ピロール β 位の H	9.74	8.75		
4, 5				8.27
3, 6				9.60
メソ位の H	10.58		10.18	

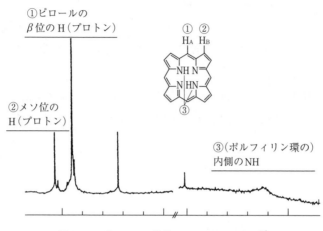

図 2.17　ポルフィン錯体の NMR スペクトル[14]

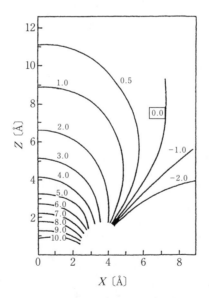

図 2.18　ポルフィリンの環電流効果：Rh(II)ポルフィリン錯体の
環電流効果を表す iso-shielding map[7, 25]

ポルフィリンの環電流効果の一例として，**図2.18** に Rh(II) ポルフィリンの
環電流効果を表す **iso-shielding map** を示す。等しゃへい線に付した数値で正
の符号は高磁場へ，負の符号は低磁場へのシフトを示し，縦軸の Z はポルフィ
リン面の中心に垂直な軸を，横軸の X はポルフィリン中心とその平面を含む
軸を示している。

さらに，**リポソーム**[†1]（liposome）に関する NMR について，**図2.19** にユー
ロピウムイオン（Eu^{3+}）添加 ^{1}H-NMR スペクトル[27)]および**図2.20** に ^{31}P-NMR
スペクトル[27)]について紹介する。

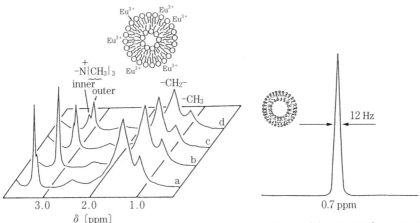

図2.19 重水中でのリピド-ヘム／ DMPC リポ
ソームに関する ^{1}H-NMR スペクトル[27)]

図2.20 重水中でのリピド-ヘム／
DMPC リポソームに関す
る ^{31}P-NMR スペクトル[27)]

図2.19 は，Eu^{3+} などの重金属イオンがリン酸コリン基と相互作用すると高
磁場シフトする傾向にあることを考慮しての ^{1}H-NMR スペクトルであり，これ
より，相互作用したリポソーム二分子膜の外側と相互作用してない内側の二つ
の部分しか現れないことより，リポソーム構造が SUV[†2] であることを証明し

---

†1　リン脂質による1枚膜（単一の二分子膜）もしくは多重膜（多重の二分子膜）で形
　　成された球形の小胞のこと。リン脂質には疎水部と親水部があり，それぞれの部分
　　が向き合うように並んで多重層を作る。二分子膜の場合，図2.19 の上部に示すよう
　　な構造となる。
†2　コラム④および6.3.5項を参照。小さな1枚膜のベシクル（リポソーム）のこと。

ている。同様に，図 2.20 は重水中での**リピド‑ヘム**[†1]／**DMPC**[†2] リポソームに関する 31‑リン（^{31}P）の NMR スペクトルであり，ピークがシャープな単ピークであることより，等方的な存在で ^{31}P がいることを示しているので，やはりリポソーム構造が SUV であることを証明している。これらより，リポソーム包埋リピド‑ヘムの構造は，SUV である。

〔3〕　**紫外・可視吸収スペクトル**[7,13,19,26]

　ポルフィリンは，紫外・可視吸収スペクトルにおいても，非常に特徴的なスペクトルを示す。一般に，26π 電子共役系での遷移を示し，紫外・可視領域に強い吸収スペクトルを示し，これはポルフィリンの色が赤〜緑の色素である由

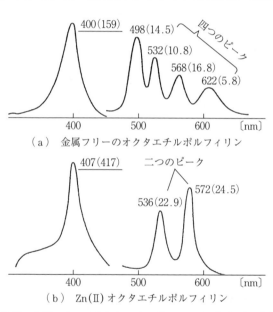

（a）　金属フリーのオクタエチルポルフィリン

（b）　Zn(Ⅱ) オクタエチルポルフィリン

図 2.21　金属フリーのオクタエチルポルフィリンおよび Zn(Ⅱ) オクタエチルポルフィリンの UV・vis 吸収スペクトル[7,19]

---

†1　鉄（Ⅱ）リピドポルフィリン錯体のこと。ヘム（鉄（Ⅱ）ポルフィリン錯体）の側鎖に、ポルフィリン面に対してほぼ垂直方向に、リン脂質同様のリン酸コリン基（親水部）およびアルキル鎖（疎水部）を 4 鎖有する。二分子膜ときわめて相溶しやすい。図 3.3 を参照。

†2　ジミリストイルホスファチジルコリン（<u>di</u>myristoyl <u>p</u>hosphatidyl<u>ch</u>oline）のこと。下線部を取って DMPC と表記される。

縁である。一例として，**図 2.21** に金属フリーのオクタエチルポルフィリンおよび Zn(II) オクタエチルポルフィリンの UV・vis 吸収スペクトルを示す[7, 19]。

図（a），図（b）ともに π - π* 遷移として，紫外領域（400 nm 付近）にきわめて強い吸収帯（$\varepsilon = 3 \sim 6 \times 10^5$）である**ソーレー帯**（Soret band）（**B 帯**）が観察される。さらに，禁制遷移として，可視領域 480〜650 nm 付近に強い吸収帯（$\varepsilon = 1 \sim 3 \times 10^4$）である **Q 帯**（Q band）が観察される。

図（a）の金属フリーポルフィリンにおいては，Q 帯は分子構造の振動に共役した遷移で，振動状態の変化量子数に対応した四つのピークがあり，長波長側より I 〜 IV と呼ばれる。この Q 帯のスペクトルは**図 2.22** に示すように，I

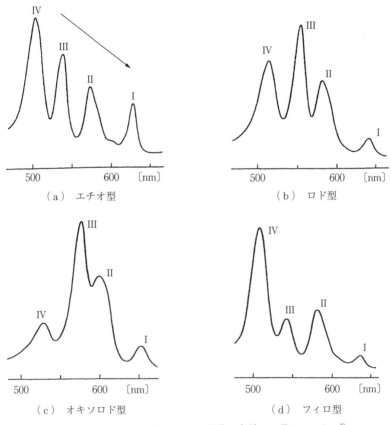

（a）　エチオ型　　　　　　　　　　（b）　ロド型

（c）　オキソロド型　　　　　　　　（d）　フィロ型

図 2.22　金属フリーポルフィリン錯体の各種の Q 帯スペクトル[7]

～IVの強度比により，エチオ型（IV＞III＞II＞I），ロド型（III＞IV＞II＞I），オキソロド型（III＞II＞IV＞I）およびフィロ型（IV＞II＞III＞I）の4種類に分類される[7]。

一方，図2.22（b）の金属ポルフィリンにおいては，金属が導入されて分子対称性が上昇することにより，Q帯は長波長側からα，βと呼ばれる二つのピークに分かれる。この際，きわめて定性的であるが，強度比α/βが大きいほど，金属イオンとポルフィリン配位子の錯形成能は大きいと言われている。また，ポルフィリンが会合した場合，サンドウィッチ型（対面的な会合）では短波長側に，同一平面上に二つ並んだ形では長波長側にシフトする[7]。

また，図2.23に示すようなポルフィリンの類縁体であるクロリン錯体のQ帯スペクトルではバンドIが異常に強くなり，約25 nmほど長波長シフトする。なお，B帯およびQ帯IVのピーク強度はポルフィリン錯体と同程度である[7]。

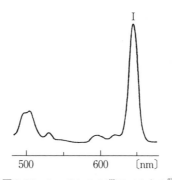

図2.23 クロリンのQ帯スペクトル[7]

ここで，なぜ，B帯およびQ帯が生じるのかを考えてみる。一般に，電子遷移（または電子転移）の際に吸収されたエネルギーに対応するスペクトルの吸収帯で，π-π^*遷移［結合性π軌道より反結合性π（π^*）軌道への電子遷移］に基づいている。特に，図2.24に示すように，① 四軌道モデルでD_{4h}対称性のもとでの最高被占軌道（HOMO：a_{1u}およびa_{2u}）から縮退した最低空軌道（LUMO：e_g（e_{gx}およびe_{gy}））への遷移に対応する[26]。すなわち，四軌道モデ

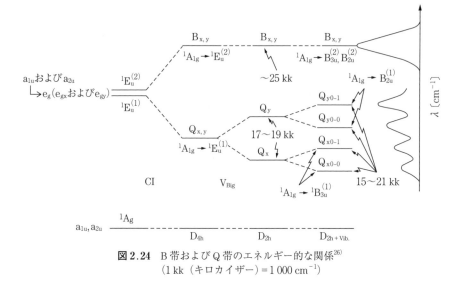

図 2.24 B 帯および Q 帯のエネルギー的な関係[26]
（1 kk（キロカイザー）＝1 000 cm^{-1}）

ル／D$_{4h}$ 対称性群においては，最高被占軌道 a$_{1u}$，a$_{2u}$ から，それぞれ縮退した最低空軌道 e$_{gx}$，e$_{gy}$ への遷移であり，この場合，これが非常に強い（電子）配置間相互作用（CI：configuration interaction）によって四つの吸収帯に分裂するはずが，励起配置が偶然にも縮退しているので，二つの吸収帯に分裂しているのである。これが，D$_{4h}$ 群の B$_{x,y}$（ソーレー）帯および Q$_{x,y}$ 帯の二つの吸収帯になる「金属ポルフィリン錯体 ❶（例えば，Fe（Ⅱ）テトラフェニルポルフィリン）である。

　つぎに，② 振動準位の遷移も重なるので，Q 帯は二つに分裂し，B 帯はそのまま（の一つ）である。すなわち，D$_{4h+vib.}$ 群となり，B$_{x,y}$ 帯，Q$_{x,y0\to0}$ 帯および Q$_{x,y0\to1}$ 帯の吸収になる「金属ポルフィリン錯体 ❷（例えば，Zn（Ⅱ）オクタエチルポルフィリン（図 2.21（b）））である。

　さらに，③ ①から振動準位を考慮しないで，ポルフィリン錯体の対称性が D$_{4h}$ 群から D$_{2h}$ 群に低下すると，Q 帯は縮退がなくなって二つに分裂し，B 帯は分裂が小さいのでそのままとなる。すなわち，D$_{2h}$ 群となり，B$_{x,y}$，Q$_x$ および Q$_y$ 帯になる。しかしながら，振動準位の遷移も重なるので，Q 帯は四つに

分裂し，B 帯はそのままとなる。すなわち，$D_{2h+vib.}$ 群となり，$B_{x,y}$ 帯，$Q_{x0 \to 0}$ 帯，$Q_{x0 \to 1}$ 帯，$Q_{y0 \to 0}$ 帯および $Q_{y0 \to 1}$ 帯の五つの吸収帯になる「金属フリーポルフィリン錯体」となる。これが，紫外・可視吸収スペクトルの概念である。

　紫外・可視吸収スペクトルから得られる情報としては，八つ程度あり，順に

① 環状ピロールの芳香化

② ポルフィリンの金属錯体生成

③ カチオンおよびアニオンラジカルの発生

④ ポルフィリンのプロトン化

⑤ 金属錯体の酸化状態

⑥ 金属錯体の軸配位子

⑦ 金属錯体のスピン状態

⑧ 金属錯体の電子移動反応

などである。

〔4〕　**蛍光スペクトルおよび蛍光プローブ測定**[19, 27, 29]

　ポルフィリン錯体の蛍光スペクトルについては，π共役電子系に基づく強い赤色蛍光があり，励起波長 415 nm で 600 nm 付近に蛍光スペクトルが生じる。ポルフィリンの蛍光はきわめて鋭敏で，蛍光強度はポルフィリン環の共役構造減少により低下し，金属錯体（Zn および Mg 錯体を除く）では蛍光は消光する。

　また，蛍光プローブを用いた測定（蛍光スペクトルによるドメイン環境の測定）に関する検討も行われている。特に，リピド-ヘムを包埋したリポソームについては，各種有機溶媒中およびリポソーム二分子膜（EYL[†]リポソーム）中でのリピド-ヘムの蛍光スペクトルを評価している。すなわち，リポソーム分分子膜中がどの程度の非水溶液環境であるかを検討している[27, 29]（**図 2.25**）。これより，リポソーム二分子膜中の環境は，ブタノール以上の疎水的な環境にあり，十分に酸素錯体が存在し得る環境であることが証明されている。

　さらに，蛍光プローブであるカルボキシフルオロセイン（CF：Carboxyfluo

---

　†　卵黄のリン脂質の一つであるレシチンのこと。egg yolk lecithin の頭文字を取って EYL　　と表記される。二分子膜でリポソームを形成する。

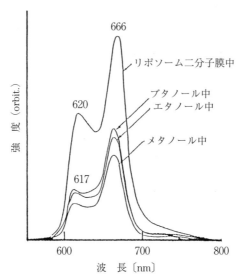

図 2.25　各種環境中およびリポソーム二分子膜（EYL リポソーム）中
　　　　におけるリピド-ヘムの蛍光スペクトル[27, 29]

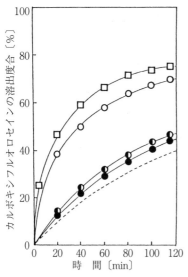

□：リポソーム包埋TPP-ヘム（対象試料）
○：リピド-ヘム／リン脂質 = 1/10
◑：リピド-ヘム／リン脂質 = 1/20
●：リピド-ヘム／リン脂質 = 1/50
---：EYLリポソーム（対照群）

図 2.26　リピド-ヘム包埋リポソーム（EYL リポソーム）中の二分子膜中から系外
　　　　への蛍光プローブであるカルボキシフルオロセイン（CF）の溶出度合[27, 28]

rescein）を用いて，リピド - ヘムとリン脂質の割合がどの程度まで可能かということも検討されている[27, 28]。図2.26）の - - - がリン脂質のみの検討（対照群）であり，□がリポソーム包埋 $TPP^{\dagger}$-ヘム（対象試料）の結果である。これより，リピド-ヘムとリン脂質の組成比（リピド-ヘム / リン脂質）が1/20までは可能であることが証明されている。

〔5〕 **赤外吸収（IR）スペクトル**

金属ポルフィリン錯体の赤外吸収（IR）スペクトルについては，その錯体自体の構造解析にも用いられる。さらに特徴的な方法として，金属ポルフィリン含有タンパク質である金属タンパク質，金属酵素の水溶液中での評価をするのに（たいへん難しいが）有効な方法であるので，検討されている。例えば，水溶液中でのヘモグロビンやミオグロビンの酸素化錯体の生成確認について検討されており（一例として，ミオグロビンの O_2 および CO 錯体の IR データ：$\nu_{O-O} = 1\,103\,cm^{-1}$ および $\nu_{C-O} = 1\,944\,cm^{-1}$)[27, 28]，水の吸収を極力制限するために非常に薄いセルで，酸素化錯体の酸素ピークが小さいために錯体濃度の濃厚な溶液での測定になる。そこで，次章の人工血液の酸素化錯体の生成確認にお

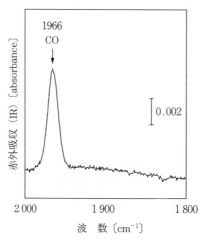

図2.27 リポソーム包埋ヘムの一酸化炭素（CO）化錯体の IR スペクトル[27, 30]

---

† チアミンピロリン酸（thiamine pyrophosphate）のこと。

いても重要な確認方法となり，検討している。

　まず，酸素化錯体のIRスペクトルを示す前に，本実験の正当性を示すうえ
で，本錯体系一例として，リポソーム包埋ヘムの一酸化炭素（CO）化錯体の
IRスペクトルを**図2.27**に示す[22,24]。**図2.28**に水溶液中でのポルフィリン錯体
の酸素（O_2）化錯体の赤外吸収（IR）スペクトルを示す[22,24]。このIRデータ
を**表2.9**[27,30~33]にまとめる。これらのデータは，上記のMbのデータ，表2.9
のHbおよび骨格構造が等しいTPP系のCollmanらのデータに対応する結果
となった[30~33]。

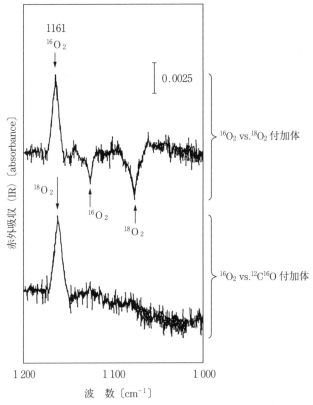

図2.28　リポソーム包埋ヘムの酸素（O_2）化錯体のIRスペクトル[27,30]

表 2.9　リポソーム包埋ヘムへの酸素 (O₂) 化錯体および一酸化炭素 (CO) 化錯体の IR スペクトルデータ[27, 30~33]

ヘム	配位子	溶液	酸素 (O₂)				一酸化炭素 (CO)			強度比
			ν_{16-16} [cm⁻¹]	$(\Delta 1/2)$*1 [cm⁻¹]	ν_{18-18} [cm⁻¹]	λ_{max} [nm]	ν_{C-O} [cm⁻¹]	$(\Delta 1/2)$ [cm⁻¹]	λ_{max} [nm]	$A(O_2)/A(CO)$*2 [−]
リピドヘム/ポリ-L-リピドリポソーム	LIm*4	H₂O	1161	(11)	1076	544	1966	(14)	540	0.15
PF-ヘム*3	MIm*5	Nujol	1159	(−)	1075	548	1969	(−)	542	−
Mb	−	H₂O	1103	(8±1)	1065	542, 548	1951	(12)	540, 579	0.10
Hb	−	H₂O	1107	(9±1)	1065	541, 577	1951	(8)	540, 569	0.10
O₂ or CO (気体)	−	−	1556	(−)	−	−	2143	(−)	−	−
O₂⁻	−	−	1145	(−)	−	−	−	(−)	−	−

*1 $\Delta\nu_{1/2}$：高さ 1/2 のところのバンド幅
*2 $A(O_2)/A(CO)$：O₂ バンドと CO バンドの間の赤外吸収の強度
*3 PF-ヘム：5, 10, 15, 20-テトラ (α, α, α, α-o-ピバルアミドフェニル) ポルフィナト鉄 (II)
*4 LIm：ラウリルイミダゾール
*5 MIm：メチルイミダゾール

〔6〕　磁気円偏光二色性および電気円偏光二色性スペクトル[27,37)]

　物質に左右の円偏光が入射した場合，光学活性な物質以外では左右の円偏光
は等しく吸収され，透過する左右の円偏光の強度は等しくなる。このとき光の
方向に平行な磁場を物質に与えると，左右の円偏光はもはや等しく吸収されな
くなり，透過する左右の円偏光の強度に差が生じる。すなわち，このことを磁
場により円偏光の二色性が生じたという。光学活性な物質においては，磁場の
非存在下における**円偏光二色性**（**CD**：circular dichroism）スペクトルをあた
かもベースラインとして**磁気円偏光二色性**（**MCD**：magnetic circular dichroism）
が観測される。一般に，MCD は通常の CD 分光器を用いて行うが，このとき
試料に磁場を光路に平行になるように与える。通常，磁場は磁極に穴をあけた
電磁石（～15 kgauss）が，あるいは，超電導マグネット（～50 k gauss）を用
いて試料に与えられる。MCD を理解するには，通常の電子吸収スペクトルの
理論を理解しなければならない。そして，分子中の電子と相互作用する電磁波
としての光を，左右の光を用いて，左右の円偏光の電磁波の吸光係数を求め
る。つぎに，この左右の円偏光の吸光係数の差が磁場の効果により，どのよう
に生ずるかを考えればよいことになるのである。そこで，左右の円偏光の電磁
波としての表示を学び，これを電子吸収スペクトルの理論を導入し，磁場の効
果を見てゆくことにより，MCD パラメータを誘導するのである。

　このような円偏光二色性（CD），磁気円偏光二色性（MCD）など以外に，**電
気円偏光二色性**（ECD：electric circular dichroism）もあり，配向層中などで
の分子の配向状態を求めることができる。例えば，リン脂質二分子膜のような
分子配向したリン脂質中に存在する分子の配向状態を調べることができる。具
体的には，**図2.29**，**図2.30** および**表2.10** のように示す。

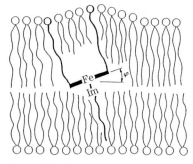

図2.29 電場中における配向性二分子膜分子集合体（リポソーム）中でのリ
ビド-ヘムおよびピケットフェンス-ヘムの配向角度[27,37]

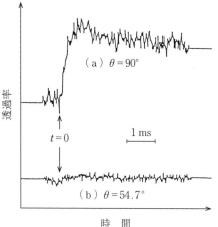

電場：5.0 kV・cm-1
リピド-ヘム：LIm：EYL＝1：3：50
［リピド-ヘム］＝8.0 μM（純水中）

図2.30 リピド-ヘム／EYL リポソームで観測される電気円偏光二色性
（ECD）スペクトルの一例[27,37]

表2.10 リピドヘム包埋リポソームにおける ECD データ[27,37]

ヘム／リポソーム	$\rho_{7.5}$ 〔－〕	ρ_{∞} 〔－〕	$\Psi(E)$ 〔－〕	ϕ 〔°〕
PF-ヘム／EYL リポソーム	0.284	0.520	0.548	18.7
リピド-ヘム／EYL リポソーム	0.653	0.740	0.882	3.8

*PF-ヘム：LIm：EYL＝1：3：200,
リピド-ヘム：LIm：EYL＝1：3：50,
［ヘム］＝5～10 μM（純水中）

〔7〕 電子スピン共鳴スペクトル[26, 40, 41]

電子常磁性共鳴（**EPR**：electron paramagnetic resonance）あるいは**電子スピン共鳴**（**ESR**：electron spin resonance）は不対電子（より正確に述べれば合成スピン $S \neq 0$ となる分子やイオン）を検出する方法である。ヘムタンパク質，金属ポルフィリン錯体などにおいては，つぎの ① 〜 ④ の測定対象がある。

① 還元型（Fe(II)）ヘムタンパク質あるいは金属ポルフィリン錯体と一酸化窒素（NO）の結合物（NO は不対電子 1 個を有する）

② 酸化型（Fe(III)）ヘムタンパク質あるいは金属ポルフィリン錯体（または Fe を他の常磁性イオンに置換したもの）

③ スピンラベルされたタンパク質あるいは金属ポルフィリン錯体または基質（有機 NO 基を結合させたもの）

④ 反応過程で生成する基質由来の遊離基または基質（またはタンパク質残基由来の遊離基）

ここで特に重要な ① について検討した例として，−196℃においてメタノー

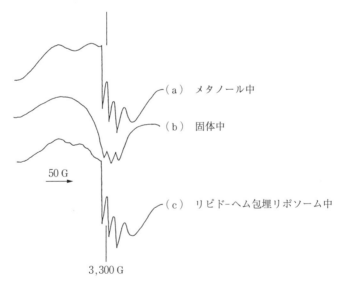

（a） メタノール中

（b） 固体中

50 G

（c） リピド-ヘム包埋リポソーム中

3,300 G

図 2.31　−196℃におけるリピド-ヘム包埋リポソーム中における NO-ラベルした ESR スペクトル[27, 29]

ル中，固体中およびリピド-ヘム包埋リポソーム中における NO-ラベルした ①
の ESR スペクトルを**図 2.31** に示す[27, 29]。

〔8〕　**メスバウアースペクトル**[9, 26, 41, 42]

鉄ポルフィリン錯体の**メスバウアー**（Mössbauer）**スペクトル測定**では，
^{57}Co の原子核より発生じる γ 線を用いる。^{57}Co の原子核は陽電子（ポジトロ
ン）を放出する代わりに核の分布する位置に共存する核外電子を吸収捕獲，崩
壊して ^{57}Fe の原子核の第二励起状態に移行する。つぎに，核スピンが 5/2 状
態より γ 線を放出して核スピンが 3/2 状態の第一励起状態に到達する。**図
2.32** に示す第一励起状態より核スピンが基底状態（1/2 状態）に遷移すると
き放出する γ 線がメスバウアースペクトルに用いられる[9]。

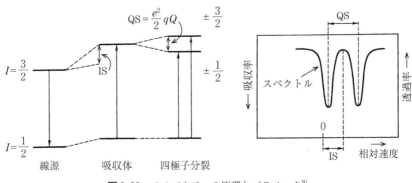

図 2.32　メスバウアーの原理とパラメータ[9]

観測対象である吸収体（ヘムタンパク質および金属ポルフィリン錯体の試
料）での鉄の原子核の励起エネルギー環境の違いにより，入射光のエネルギー
とは異なってくる。また，共鳴吸収を起こすためには線源（^{57}Co）と吸収体（ヘ
ムタンパク質および金属ポルフィリン錯体の試料）の間に相対速度を持たせ
ドップラー効果に基づく波長の変化を発生させる必要がある。このエネルギー
の差異が評価パラメータの一つである**異性体シフト**（**IS**：isomer shift，あるい
は δ）となる。

また，核スピンが 1 以上の場合，核の正電荷の分布は球対象でなくなって電
気的な四極子モーメントを持つ。このとき，四極子モーメントは電場勾配と相

互作用を生じて，エネルギー準位に分裂が起こる。この分裂がもう一つの評価

パラメータである**四極子分裂**（**QS**：quadrupole splitting，あるいは $\Delta E_{\mathbf{Q}}$）とな

る。

上記の IS（δ）と QS（ΔE_Q）の関係（IS-QS マップあるいは δ-ΔE_Q マップ）

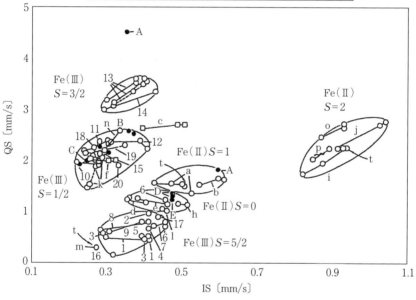

p : Fe(II)PFP·(1-MeIm)	⇒ Fe(II), S = 2	OK!
k : Fe(II)PFP·(1-MeIm)·O₂	⇒ Fe(III), S = 1/2	?
m : Fe(II)PFP·(1-MeIm)·CO	⇒ Fe(III), S = 5/2	?

1：Fe(III)TPP·Cl,   2：Fe(III)OEP·Cl,   3：Fe(III)TPP·OMe,
4：Fe(III)OEP·OMe,   5：Fe(III)TPP·NCS,   6：Fe(III)TPP·Br,
7：Fe(III)TPP·I,   8：[Fe(III)TPP]₂O,   9：[Fe(III)OEP]₂O,
10：Fe(III)OEP·py·ClO₄, 11：Fe(III)OEP·pyCN·ClO₄, 12：Fe(III)OEP·pyCHO·ClO₄,
13：Fe(III)OEP·ClO₄,   14：Fe(III)OEP·2THF·ClO₄, 15：Fe(III)OEP·(Im)₂·ClO₄,
16：Fe(III)OEP·SⁱBu,   17：Fe(III)OEP·OⁱBu,   18：Fe(III)OEP·PhOMe,
19：Fe(III)PP·(Im)₂·Cl, 20：Fe(III)PP·(py)₂Cl,
a：Fe(II)TPP,   b：Fe(II)OEP,   c：Fe(II)Pc,
d：Fe(II)TPP·(py)₂,   e：Fe(II)OEP·(py)₂,   f：Fe(II)Pc·(py)₂,
g：Fe(II)PP·(py)₂,   h：Fe(II)OEP·(NH₃)₂,   i：Fe(II)TPP·(2-MeIm),
j：Fe(II)OTBP·(THF)₂,   k：Fe(II)PFP·(1-MeIm)·O₂, l：Fe(II)PFP·(1-MeIm)₂,
m：Fe(II)PFP·(1-MeIm)CO, n：Fe(II)PFP·(THF)₂·O₂,   o：Fe(II)PFP·(THF)₂,
p：Fe(II)PFP·(1-MeIm),   A：*Co(II)OEP,   B：*Co(II)OEP·py·O₂,
C：*Co(II)PPD·py·O₂,   D：*Co(II)OEP·(py)₂,   E：*Co(II)PPD·(py)₂

図 2.33　鉄ポルフィリン錯体の IS-QS マップあるいは δ-ΔE_Q マップ[7, 19, 38, 39]

表 2.11 各種鉄ポルフィリン錯体のメスバウアーパラメーター[17,19,38,39]

ヘム	リガンド	状態	還元体（脱酸素状態）δ [mm·s^{-1}]	ΔE_Q [mm·s^{-1}]	CO付加体 δ [mm·s^{-1}]	ΔE_Q [mm·s^{-1}]	O$_2$付加体 δ [mm·s^{-1}]	ΔE_Q [mm·s^{-1}]
リピドーヘム/リピドーリポソーム	LIm	H$_2$O	0.43	0.92	0.20	0.40	0.28	2.15
〃	L2MIm	H$_2$O	0.98	2.09	0.25	0.39	–	–
リピドーヘム	LIm	メタノール	0.49	0.85	0.22	0.44	–	–
ジヘム/ミセル	LIm	H$_2$O	0.90	2.25	0.24	0.50	0.25	2.09
ジヘム	MIm	ベンゼン	0.89	2.26	0.25	0.53	0.29	2.06
プロトヘム	Im	固体	0.44	0.98	0.23	0.33	–	–
〃	2MIm	固体	0.89	2.06	0.25	0.51	–	–
キレートヘム	(Im)	固体	0.95	2.06	0.22	0.38	–	–
〃	(2MIm)	固体	0.93	2.05	0.26	0.49	–	–
TPP-ヘム	2MIm	固体	0.92	2.26	–	–	–	–
FP-ヘム	MIm	固体	0.44	1.02	0.27*	0.27*	0.27	2.04
Hb	–	固体	0.92^a	2.37	0.26*	0.26*	0.26	2.19
Mb	–	固体	0.90	2.20	0.27*	0.36*	0.22	2.27

*4.2 K における値

を用いることにより，**図2.33**[7, 19, 38, 39)]にあるいは**表2.11**[7, 19, 38, 39)]に示されるような鉄イオンの酸化数とスピンが分類される。これより，3章で紹介するリポソーム包埋ヘムの酸素分子付加体（酸素錯体）は，Collman らの結果[38)]と同様に，Fe(III)，S＝1/2 であることが報告されている。すなわち，図2.34 に示されるリポソーム包埋ヘムの酸素分子付加体（酸素錯体，O_2 付加体）（プロット k)，一酸化炭素付加体（CO 付加体）（プロット m）および還元体（プロット p）は，Collman の結果（k, m および p）と対応する結果になった（プロット k, m, p が二つの試料（Collman らと Yuasa らの試料）の結果が重なって示されている）。

p, k および m のプロットは，還元体，酸素錯体および一酸化炭素錯体であり，どれも基本的には，中心金属イオンの鉄イオンはⅡ価であるので，Fe(II) の位置に示されなければならないが，還元体以外の酸素錯体および一酸化炭素

コラム ① DSC のデータ[27, 28)]

リポソーム包埋リピド-ヘムについて，そのリポソームのリン脂質とリピド-ヘムの成分組成を変化させて **DSC 測定**（differential scanning calorimetric thermograms）した（**図1**)。その結果，**表1** に示すようにリピドヘム成分を増加させると相転移温度 T_c は徐々に増加し，そのエンタルピー変化 ΔH は減少した。

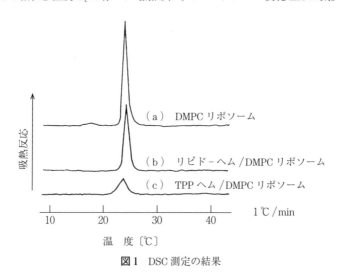

図1 DSC 測定の結果

表1 リピド-ヘム/DMPCリポソームの相転移温度とエンタルピー変化

リポソームの成分 （モル比）			T_c 〔℃〕	ΔH 〔kcal/mol〕
－：－：DMPC			23.7	6.47
リピド-ヘム：－：DMPC	（1：－：50）		23.8	5.06
	（1：－：20）		24.1	3.71
	（1：－：10）		24.1	2.93
	（1：－：5）		24.4	1.01
リピド-ヘム：LIm：DMPC	（1：3：50）	［酸化体］*	23.7	2.87
		［還元体］*	23.7	2.67
		［CO付加体］*	23.8	3.60
TPPヘム：－：DMPC	（1：－：100）		22.0	2.39
	（1：－：50）		－	－

＊リピド-ヘム錯体の構造

　ここで興味深いのは ΔH で，リピド-ヘム量が少ない場合は大きな減少傾向であり，多い場合は小さい減少である（**図2**）。特に，リピド-ヘム量に依存して，ΔH の変化点が生じ，少ない量における ΔH の外挿値は一定値に収束した。これは，リピド-ヘムがコレステロール，糖タンパク質などに類似し，リン脂質の相挙動に影響を及ぼしている。このように，リピド-ヘムはコレステロール，糖タンパク質などと類似する興味深い膜成分と考えられる。

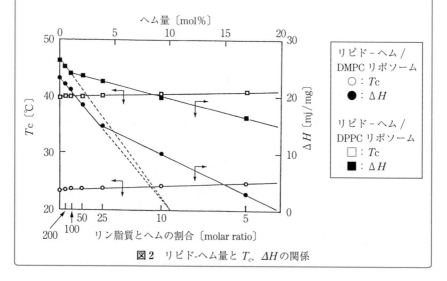

図2 リピド-ヘム量と T_c, ΔH の関係

錯体は，どちらもイレギュラーな Fe(III) の位置にある。これは，異常値なため，図中では？で示してある。なお，他の分析においても，いわゆる中心金属から電子が O_2 および CO のほうに移動し（引っ張られ），中心金属の価数が見かけⅡ価からⅢ価になっている。すなわち，部分的に電荷分離の影響を示す結果が得られている。このため，この結果は妥当であるとも考えられる。

〔9〕 **X 線吸収微細構造**[40~42]

X 線吸収微細構造（XAFS（ザフツ）：X-ray absorption fine structure）は X 線の吸収を利用した分析手法で，注目する元素の酸化数や周囲の元素との結合距離などを分析することができる。特に，XAFS 測定は試料の制約が少なく，液体，固体（結晶およびアモルファス（非晶質））などがすべて測定可能であり，測定モードによってバルク（試料内部）に注目したり表面敏感な分析にしたりと切り替えることもできる。さらに，測定には真空を必要としないことからその材料が機能する”その場”（in situ）分析も可能なため，さまざまな分野で使われるとても便利な手法である。

各元素は各電子軌道について固有のイオン化エネルギーを持ち，それと同じかそれより高いエネルギーの X 線を照射するとその X 線のエネルギーを吸収して内殻電子が励起される。このため，X 線吸収スペクトルでは吸光度が急に大きくなるところがあり，これを**特性吸収端**（characteristic absorption end）と呼ぶ。特性吸収端よりも高いエネルギー領域では内殻電子は光電子として原子の束縛を逃れて飛び出し，原子から飛び出した光電子は周囲にある原子（これを散乱原子と呼ぶ）とぶつかって散乱する。散乱した電子は 360° あらゆる方向に伝播するが，そのうち元々いた原子のほうに戻ってくる成分も存在する。この戻ってくる現象を**後方散乱**（backscattering）と言い，入射 X 線のエネルギーを少しずつ大きくしていくと，光電子の運動エネルギーも少しずつ大きくなる。つまり少しずつ光電子の波長が短くなる。そして，あるところで光電子の波と後方散乱電子の波が干渉を起こし，波を強くしたり弱くしたりする。この光電子の干渉が内殻電子の遷移確率にも影響を与えるので，吸収スペクトルにも波のような形が現れる。この波を **EXAFS**（extended X-ray absorption fine structure）**振動**と呼ぶ。後方散乱の強度は散乱原子の電子密度の二乗に比例するため，散乱原子が重たいほど散乱強度も強くなる。そのため，散乱原子の重さとその数（配位数）によってスペクトルに現れる波の振幅（波の大きさ）が変わる。また，吸収原子と散乱原子の間の距離によって干渉が起こるペースが変わるので，結合距離は波の振動数に影響する。つまり，EXAFS 振動の形状を解析することで吸収原子の周囲の構造がわかる。

　XAFS は解析するエネルギー領域によって **XANES**（X-ray absorption near edge structure）と EXAFS という二つに分かれる。XANES では，特性吸収端付近のスペクトル形状から吸収原子の電子構造（酸化数や対称性）を解析することを目的とする。一方，EXAFS は XANES よりも高エネルギー側に現れる波の形状から吸収原子の周囲の構造（配位原子，配位数，結合距離）を解析することを目的とする。このように解析の目的の違いから二つの名前がある。

　XANES の解析ではスペクトル形状から指紋的に解析を行うことが多く，最も単純なのは酸化数となる。元素が酸化される，つまり最外殻から電子を失うと，内殻の電子はより強いエネルギーで原子核に束縛される。したがって，電子を励起するのに必要なエネルギーは大きくなるため，吸収端のエネルギーが高エネルギー側にシフトする。また，酸化することによって外殻に空軌道ができ，そこに内殻電子が励起する場合には White Line と呼ばれる大きなピークが吸収端に観測される。また，酸化数以外にも結合の対称性に関する情報が得られる。吸収端よりも低エネルギー側に pre-edge peak と呼ばれる小さいピークが観測され，これは電子の禁制遷移が起こったことに対応するピークである。対称性を持った試料では主量子数の変化が ± 1 である電子遷移しか起こらないが，対称性が崩れるとそれ以外の電子遷移（例えば s → d のような遷移）が起こる。これによって pre-edge peak が観測される。

　つぎに，EXAFS の解析では特性吸収端からおよそ 50 eV ほど高エネルギー側から観測される波の形状を EXAFS の式（2.3）でフィッティングすることによって行う。

$$\chi(k) = S_0^2 \sum_{i=0}^{N} \frac{N_i F_i(k)}{k_i r_i^2} \exp\left(-2k_i^2 \sigma_i^2\right) \sin\left(2k_i r_i + \phi_i(k_i)\right) \tag{2.3}$$

EXAFS 振動 χ は波数ベクトル（k 空間）で表すのが慣例であり，S_0 は減衰因子，N_i は i 番目の殻の配位数，$F_i(k)$ は後方散乱因子，r_i は結合距離，σ_i^2 は温度因子（Debye-Waler factor），$\phi_i(k_i)$ は位相シフトである。この式で大事な点は，3 点ある。

① 配位数が増えるほど振幅が大きくなること

② 配位する元素が重いほど振幅が大きくなること

③ 結合距離が長くなるほど振動の周期は短くなること

である。

まず，配位数について見てみると，$\chi(k)$ は配位数 N に比例していることが分かる。つまり配位数に比例して振幅が大きくなるのである。そして，後方散乱因子 $F(k)$ にも比例し，散乱原子が電子の波を散乱させる強度というのは散乱原子にある電子密度の 2 乗に比例する。散乱原子が重たくなるほど光電子がより多く跳ね返されるため振幅が大きくなるのである。最後に，結合距離 r は，式の後半に $\sin(2kr+\phi(k))$ という項があり，これについて考えてみると r が大きくなると k に対する振動周期は短くなり，r が小さくなると振動周期が長くなる。

ここまで理解できれば，ひとまず"EXAFS 振動の解析により吸収原子の周囲の配位数・元素種・結合距離がわかる"ということが理解できるはずである[40]。

4 章の燃料電池電極触媒の解析において，この方法が有効に活用されている。すなわち，カーボン電極表面で集積した金属ポルフィリン錯体，カーボン電極上に吸着した金属（ポリピロール）錯体を普通に処理あるいは熱処理することにより，カーボン上に有効な酸素分子（O_2）の 4 電子還元のためのサイトを形成できることがわかっており，特に，非晶質系，アモルファス系においては，構造解析が可能な X 線吸収微細構造（XAFS）の手法を用いて検討されている。

図 2.34[38,40] はカーボン（C）電極上にコバルトテトラエチルポルフィリン（CoEtP）を修飾させ，それを熱処理した材料（HT-CoEtP/C）の Co K-edge 広

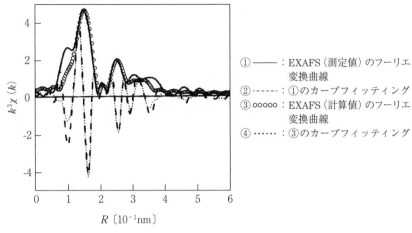

① ——： EXAFS（測定値）のフーリエ
変換曲線
②------： ①のカーブフィッティング
③ ooooo： EXAFS（計算値）のフーリエ
変換曲線
④ ……： ③のカーブフィッティング

図 2.34 HT-CoEtP／C の Co K-edge 広域 X 線吸収微細構造（XAFS）測定
からの $k^3\chi(k)$ フーリエ変換曲線とその構造パラメータ[41]

域 X 線吸収微細構造（XAFS）測定からの $k^3\chi(k)$ フーリエ変換曲線（測定値お
よび計算値）とそれらのカーブフィッティングを示してある。その解析結果で
ある構造パラメータを算出すると，コバルト-窒素配位数 $N_{Co\text{-}N}$ は 4，およびコ
バルト-コバルト間距離 $R_{Co\text{-}Co}$ は $0.297\pm0.002\,\mathrm{nm}$ となり，コバルトポルフィ
リン錯体に由来する 1 個のコバルトイオンがドナー原子としての 4 個の窒素に
配位した構造（Co-N$_4$ 構造）の活性点を保ちつつ，μ- パーオキソ様構造の条件
を満たすことが明かになっている。すなわち，熱処理によって配位子であるポ
ルフィリン環ピロール骨格がカーボン粒子と一体化して Co-N$_4$ 構造を電極上に
より強固にかつより緻密に形成するので，O$_2$ の 4 電子還元が安定かつ連続的に
進行するものと考えられる[38,40]。

　さらに，このことを裏付けるために，より簡単な分子であり，コバルトポル
フィリン骨格に類似するコバルトイオンが配位したポリピロールを修飾した
カーボン（CoPPy／C）を，さらにこれに熱処理を施した物質（HT-CoPPy／C）
について検討を加ええた[39,40]。600℃ で熱処理を施した場合，$E_p=0.38\,\mathrm{V}$ vs.
SCE および $n=3.7$ の最高値が得られ，高選択性を有する O$_2$ の 4 電子還元電
極触媒が構築されている。この構造解析を上記と同様に XAFS 測定から行っ

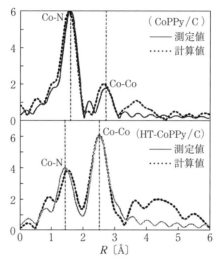

図2.35 CoPPy／C（上）および HT- CoPPy／C（下）の Co K-edge 広域
X 線吸収微細構造（XAFS）測定からのフーリエ変換曲線[42]

た[39, 40]（**図2.35**）。それらの構造パラメータである N_{Co-N} および R_{Co-Co} は，CoPPy／
C において 4.0±0.6 および 0.310±0.002 nm，さらに HT-CoPPy／C において
4.0±0.9 および 0.296±0.003 nm となり，どちらも 1 個のコバルトイオンが
ドナー原子としての 4 個の窒素に配位した構造（Co-N$_4$ 構造）の活性点を保ち
つつ，μ-パーオキソ様構造の条件を満たすことが，上述の HT-CoEtP／C と同
様に明らかになっている。すなわち，CoPPy／C および HT-CoPPy／C のどちら
も O$_2$ の 4 電子還元が安定かつ連続的に進行するものと考えられる。

コラム ② A-P 曲線のデータ[27, 28]

リポソーム包埋ヘム単分子膜の**表面積 - 表面圧測定（A-P 測定）**を行ったところ，**図**に示すようにリピド-ヘムとヘムでは異なる挙動を示した。

ヘムの場合，リン脂質と相溶していないので A-P 曲線はリン脂質単独に比べ大きく変化したが，リピド-ヘムの場合，リン脂質と相溶しているのでリン脂質単独系と同様な変化を示した。リン脂質成分に対する相溶および非相溶の成分の違いが DSC 測定と同様に顕著に現れている。これにより，リン脂質二分子膜に対して有効な膜添加成分の選定，利用などが可能となると考えられる。

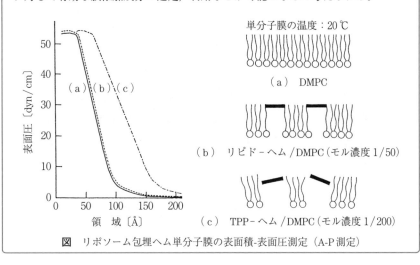

図 リポソーム包埋ヘム単分子膜の表面積-表面圧測定（A-P 測定）

3

金属ポルフィリン錯体による酸素分子の運搬・貯蔵

－酸素分子の結合・解離平衡反応－

3.1 ヘモグロビン・ミオグロビンの酸素分子の運搬・貯蔵

血液は体重の 1/13 の分量を占め，生命維持のために，酸素や二酸化炭素の
輸送，栄養の運搬，細菌の捕殺，血液の凝固，体液の調整（浸透圧，イオン
等），免疫などの多くの役割を担い，「動く臓器」と言われる。このような血液
機能は，**表 3.1** に示すように血液成分ごとにその役割が分担され，それぞれ代
替物の検討がされている。しかしながら，血液成分の中で，赤血球，すなわち
酸素（O_2）および二酸化炭素（CO_2）の運搬能は，まだ代替物が具体化してい
ない[43〜49]。

表 3.1　血液成分とその役割

血　液			役　割
血漿 （55%）	血漿タンパク	アルブミン グロブリン フィブリノーゲン その他	循環血液量の維持 免疫抗体 凝固因子
	電解質（Na^+, K^+, Ca^{2+}, Mg^{2+}, Cl^-, HCO_3^-, HPO_4^-等）		電解質
血球 （45%）	赤血球	ヘモグロビン 炭酸脱水素酵素	酸素運搬 二酸化炭素排出
	白血球		細菌殺傷
	血小板		凝固作用

3.1.1　ヘモグロビン・ミオグロビンの酸素分子の結合・解離平衡

ここで，ヘモグロビン（Hb）およびミオグロビン（Mb）の O_2 結合・解離平衡について，考えてみる[50]。一般に，

$$Mb + O_2 \rightleftarrows Mb\text{-}O_2 \tag{3.1}$$

$$Hb + 4O_2 \rightleftarrows Hb\text{-}4O_2 \tag{3.2}$$

　Mb の結合サイトは一つだけなので，平衡曲線は短純な化学吸着と同様の双曲線になる。しかしながら，Hb には四つのサブユニットがあり，それらが連動するので，多成分の相平衡となる。多成分の相平衡として，Hb のような 4 個の O_2 との結合・解離反応を含む場合を考えた場合，式 (3.3) のように表すことができる。

$$A_4(\ ) + L_n(n = 1, 2, 3, 4) \rightarrow A_4(L_4) \tag{3.3}$$

　L_n が同じ配位子の場合でかつ $A_n(\ )$ の相互作用がある場合は，配位子濃度，相互作用条件などを考慮する必要がある。

　多段平衡において，n 個のサブユニットを有する系に式 (3.3) を用いると，つぎのようになる。

$$
\left.
\begin{aligned}
&[A_1(\ )A_2(\ )A_3(\ )\cdots A_{n\text{-}2}(\ )A_{n\text{-}1}(\ )A_n(\ )] + n\mathrm{L} \\
&\quad \longrightarrow [A_1(\mathrm{L})A_2(\ )A_3(\ )\cdots A_{n\text{-}2}(\ )A_{n\text{-}1}(\ )A_n(\ )] + (n\text{-}1)\mathrm{L} \\
&[A_1(\mathrm{L})A_2(\ )A_3(\ )\cdots A_{n\text{-}2}(\ )A_{n\text{-}1}(\ )A_{n\text{-}2}(\ )] + (n\text{-}1)\mathrm{L} \\
&\quad \longrightarrow [A_1(\mathrm{L})A_2(\mathrm{L})A_3(\ )\cdots A_{n\text{-}2}(\ )A_{n\text{-}1}(\ )A_n(\ )] + (n\text{-}2)\mathrm{L} \\
&[A_1(\mathrm{L})A_2(\mathrm{L})A_3(\ )\cdots A_{n\text{-}2}(\ )A_{n\text{-}1}(\ )A_n(\ )] + (n\text{-}2)\mathrm{L} \\
&\quad \longrightarrow [A_1(\mathrm{L})A_2(\mathrm{L})A_3(\mathrm{L})\cdots A_{n\text{-}2}(\ )A_{n\text{-}1}(\ )A_n(\ )] + (n\text{-}3)\mathrm{L} \\
&\qquad\qquad \vdots \\
&[A_1(\mathrm{L})A_2(\mathrm{L})A_3(\mathrm{L})\cdots A_{n\text{-}2}(\ )A_{n\text{-}1}(\ )A_n(\ )] + 3\mathrm{L} \\
&\quad \longrightarrow [A_1(\mathrm{L})A_2(\mathrm{L})A_3(\mathrm{L})\cdots A_{n\text{-}2}(\mathrm{L})A_{n\text{-}1}(\ )A_n(\ )] + 2\mathrm{L} \\
&[A_1(\mathrm{L})A_2(\mathrm{L})A_3(\mathrm{L})\cdots A_{n\text{-}2}(\mathrm{L})A_{n\text{-}1}(\ )A_n(\ )] + 2\mathrm{L} \\
&\quad \longrightarrow [A_1(\mathrm{L})A_2(\mathrm{L})A_3(\mathrm{L})\cdots A_{n\text{-}2}(\mathrm{L})A_{n\text{-}1}(\mathrm{L})A_n(\ )] + 1\mathrm{L} \\
&[A_1(\mathrm{L})A_2(\mathrm{L})A_3(\mathrm{L})\cdots A_{n\text{-}2}(\mathrm{L})A_{n\text{-}1}(\mathrm{L})A_n(\ )] + 1\mathrm{L} \\
&\quad \longrightarrow [A_1(\mathrm{L})A_2(\mathrm{L})A_3(\mathrm{L})\cdots A_{n\text{-}2}(\mathrm{L})A_{n\text{-}1}(\mathrm{L})A_n(\mathrm{L})] + 0\mathrm{L}
\end{aligned}
\right\} \tag{3.4}
$$

ここで，$n=1$ の Mb における O_2 結合・解離平衡の場合は，つぎのように考えることができる。

$$\text{Mb} + \text{L} \underset{}{\overset{K}{\rightleftharpoons}} \text{Mb-L} \tag{3.5}$$

$$\frac{[\text{Mb-L}]}{[\text{Mb}][\text{L}]} = K \tag{3.6}$$

$$Y = \frac{(\text{酸素が結合した部位の全数})}{(\text{酸素が結合し得る部位の全数})} \tag{3.7}$$

$$Y = \frac{[\text{Mb-L}]}{[\text{Mb}] + [\text{Mb-L}]} = \frac{K[\text{L}]}{1 + K[\text{L}]} \tag{3.8}$$

$\Rightarrow$ [L] が低い場合，$Y \approx K[\text{L}] \rightarrow$ 立ち上がりは直線

$\Rightarrow$ [L] $\longrightarrow \infty$ で $Y \approx 1$

これを参考に，$n=4$ の Hb 系を考慮すると，Hb の場合はつぎのようになる。ここでは，一般的な多段平衡の解析として行われたヒル（Hill）の解析[51]，アデア（Adair）の解析[52]，モノー・ワイマン・シャンジュー（Mono-Wyman-Changeaux）の解析[53]を例に紹介する。

〔1〕 ヒルの解析[51]

$$\text{Hb} + 4\text{L} \underset{}{\overset{K}{\rightleftharpoons}} \text{Hb-L}_4 \tag{3.9}$$

$$\frac{[\text{Hb-L}_4]}{[\text{Hb}][\text{L}]^4} = K \tag{3.10}$$

$$Y = \frac{4[\text{Hb-L}_4]}{4\{[\text{Hb}] + [\text{Hb-L}_4]\}} = \frac{K[\text{L}]^4}{1 + K[\text{L}]^4} \tag{3.11}$$

$\Rightarrow$ [L] が低い場合，$Y \approx K[\text{L}]^4$

$\Rightarrow$ [L] $\rightarrow \infty$ で $Y \approx 1$

$$\log \frac{Y}{1 - Y} = \log K + 4 \log [\text{L}] \tag{3.12}$$

$$Y = \frac{K[\text{L}]^n}{1 + K[\text{L}]^n} \tag{3.13}$$

式 (3.11) は，L 濃度 [L] が低い場合 $Y \approx K[\text{L}]^4$ に近似し，[L] $\rightarrow \infty$ の場合 1 に近づくのである。さらに，式 (3.12) では傾きが 4 となる。なお，Hb の傾きの最大値は約 3（≈ 2.8）となり，1 より大きいが 4 より小さい。一般の式

は式 (3.13) であり，傾きは n となる（n をヒル定数という）。

〔2〕 **アデアの解析**[52]

$$\text{Hb} + \text{L} \underset{}{\overset{K_1}{\rightleftharpoons}} \text{Hb-L} \tag{3.14}$$

$$\text{Hb-L} + \text{L} \underset{}{\overset{K_2}{\rightleftharpoons}} \text{Hb-L}_2 \tag{3.15}$$

$$\text{Hb-L}_2 + \text{L} \underset{}{\overset{K_3}{\rightleftharpoons}} \text{Hb-L}_3 \tag{3.16}$$

$$\text{Hb-L}_3 + \text{L} \underset{}{\overset{K_4}{\rightleftharpoons}} \text{Hb-L}_4 \tag{3.17}$$

$$Y = \frac{1[\text{Hb-L}] + 2[\text{Hb-L}_2] + 3[\text{Hb-L}_3] + 4[\text{Hb-L}_4]}{4([\text{Hb}] + [\text{Hb-L}] + [\text{Hb-L}_2] + [\text{Hb-L}_3] + [\text{Hb-L}_4])} \tag{3.18}$$

式 (3.14) ～ (3.17) を質量作用の法則で示すと

$$[\text{Hb-L}_i] = K_i[\text{Hb-L}_{i-1}][\text{L}] \quad (i = 1 \sim 4) \tag{3.19}$$

となる。式 (3.18)，(3.19) より

$$Y = \frac{K_1[\text{L}] + 2K_1K_2[\text{L}]^2 + 3K_1K_2K_3[\text{L}]^3 + 4K_1K_2K_3K_4[\text{L}]^4}{4(1 + K_1[\text{L}] + K_1K_2[\text{L}]^2 + K_1K_2K_3[\text{L}]^3 + K_1K_2K_3K_4[\text{L}]^4)} \tag{3.20}$$

ここで，$K_1 = K_2 = K_3 = K_4$ とすると，Mb の場合 ($n = 1$) の式 (3.8) に対応しない。

⇒ 真の平衡定数 k_1, k_2, k_3, k_4 が存在する。

⇒ 真の平衡定数を $k_1 \sim k_4$ とすると，式 (3.20) の $K_1 \sim K_4$ の関係はつぎの式 (3.21) のようになる。

$$K_1 = 4k_1, \quad K_2 = \frac{3}{2} k_2, \quad K_3 = \frac{2}{3} k_3, \quad K_4 = \frac{1}{4} k_4 \tag{3.21}$$

式 (3.20)，(3.21) より

$$Y = \frac{k_1[\text{L}] + 3k_1k_2[\text{L}]^2 + 3k_1k_2k_3[\text{L}]^3 + k_1k_2k_3k_4[\text{L}]^4}{1 + 4k_1[\text{L}] + 6k_1k_2[\text{L}]^2 + 4k_1k_2k_3[\text{L}]^3 + k_1k_2k_3k_4[\text{L}]^4} \tag{3.22}$$

式 (3.22) を用いて Hb の酸素結合・解離平衡曲線から $k_1 \sim k_4$ の定数が求められ，一般に，$k_1 < k_2 < k_3 \ll k_4$ となる。なお，$k_1 = k_2 = k_3 = k_4 = K$ とすると，Mb の場合 ($n = 1$) の式 (3.8) と対応する。

$$Y = \frac{K[\text{L}](1 + K[\text{L}])^3}{(1 + K[\text{L}])^4} = \frac{K[\text{L}]}{1 + K[\text{L}]} \tag{3.23}$$

〔3〕 モノー・ワイマン・シャンジューの解析[53]

Hb の酸素結合・解離平衡において，酸素が結合しやすい状態と結合しにくい状態の二つの構造状態が存在する。酸素が結合しやすい状態をリラックス状態（relaxed state，R 状態），結合しにくい状態をテンス状態（tensed state，T 状態）という。ここで，「R 状態 $\rightleftarrows$ T 状態」にある 2 量体モデルを考える。

$$R \overset{A}{\rightleftarrows} T$$

$$\frac{[T]}{[R]} = A \tag{3.24}$$

1 個目の配位子 L が結合する反応式は

$$R + L \overset{K}{\rightleftarrows} R\text{-}L \qquad L + R \overset{K}{\rightleftarrows} L\text{-}R \tag{3.25}$$

である。質量作用の法則より

$$\left.\begin{array}{l} [R\text{-}L] = K[R][L] \\ [L\text{-}R] = K[L][R] \end{array}\right\} \tag{3.26}$$

となる。2 個目の配位子 L が結合する反応式は

$$L + R\text{-}L \overset{K}{\rightleftarrows} L\text{-}R\text{-}L \tag{3.27}$$

である。質量作用の法則より

$$[L\text{-}R\text{-}L] = K[L][R\text{-}L] = K^2[L]^2[R] \tag{3.28}$$

反応に関与する分子種 T，R，R-L，L-R，L-R-L を考慮して 2 量体の飽和度 Y を求めると，式 (3.24)，(3.25)，(3.26)，(3.28) より

$$\begin{aligned} Y &= \frac{[R\text{-}L] + [L\text{-}R] + 2[L\text{-}R\text{-}L]}{2([T] + [R] + [L\text{-}R] + [R\text{-}L] + [L\text{-}R\text{-}L])} \\ &= \frac{K[L](1 + K[L])}{A + (1 + K[L])^2} \end{aligned} \tag{3.29}$$

となる。さらに $K[L] = x$ とすると

$$Y = \frac{x(1 + x)}{A + (1 + x)^2} \tag{3.30}$$

と表せる。これらのことを 2 量体から 4 量体に拡張すれば，Hb の場合は次式となる。次式の定数は A と $x(=K[L])$ の二つだけであり，前項のアデアの解析よりも簡潔である。

$$Y = \frac{x(1+x)^3}{A+(1+x)^4} \tag{3.31}$$

⇒ 定数は A と $x(=K[\text{L}])$ の2個

→ アデアの解析の4個（$k_1 \sim k_4$）よりも少なくて解析が容易！

⇒ A が極度に大きいと「S字状特性！」[†]

⇒ $A=0$ のとき

$$Y = \frac{x}{1+x} = \frac{K[\text{L}]}{1+K[\text{L}]}$$ → Mb の場合（$n=1$）の式 (3.8) に対応する。

これより，モノー・ワイマン・シャンジューの解析は**アロステリックモデル**（allosteric model）[53]を定量的に示しているといえる。

さらに，生体系の多段平衡の pH 依存性の例として，Hb の酸素（O_2）結合・解離が**赤血球**（**RBC**：red blood cell）内の pH に依存する現象について考えてみる[54~57]。**図 3.1** に示すように，Hb の O_2 結合・解離平衡曲線は，RBC 内の

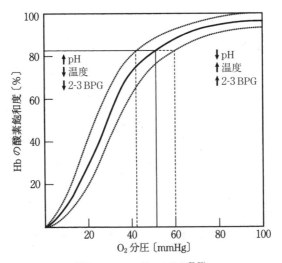

図 3.1 Hb のボーア効果[58, 59]

[†] 基質との反応が一般的な直角双曲線の化学反応ではなく，シグモイド形（S字状）のプロットを与えるもの，すなわち，協同性を持った反応の総称を**アロステリック**（allosteric）といい，その研究例としてアロステリックモデルがある。このモデルとしては協奏モデル，逐次モデルなどが提案されている。

pH が酸性に傾く（pH ↓）と O_2 分圧の高い方向に移って（下側の破線のように右方へ偏移し）O_2 を多く運搬できなく（含めなく）なる。一方，アルカリ性に傾く（pH ↑）と O_2 結合・解離平衡曲線は O_2 分圧の低い方向に移って（上側の破線のように左方へ偏移し）O_2 を多く運搬できる（含める）ようになる。これは**ボーア効果**（Bohr effect）と呼ばれる現象で，以下のように説明することができる。

　血液中の二酸化炭素（CO_2）の濃度が高くなると，RBC の代謝活動が活発になり炭酸脱水酵素の働きによって，RBC に取り込まれていた CO_2 と水（H_2O）の重炭酸イオンとプロトン（H^+）への解離が進み，RBC 内は酸性に傾く（pH ↓）。RBC 内の H^+ は Hb に作用して Hb の O_2 親和性を下げるため Hb は O_2 を放出しやすくなり，O_2 結合・解離平衡曲線が右方へ偏移するのである。

　逆に血液中の CO_2 の濃度が低くなると，RBC は RBC 内の重炭酸イオンと H^+ から CO_2 と H_2O をつくるため，RBC はアルカリ性に傾く（pH ↑）。RBC 内の H^+ が減って Hb の O_2 親和性が上がり，Hb は O_2 と結合しやすくなる（すなわち，O_2 結合・解離平衡曲線の左方偏移）。

　pH の低下以外にも，温度上昇，2,3-ビスホスホグリセリン酸塩（2,3-BPG）濃度上昇によって Hb の O_2 結合・解離平衡曲線は右方に偏移する。これとは逆に，pH の上昇，温度低下，2,3-BPG 濃度低下によって Hb の O_2 結合・解離平衡曲線の左方に偏移する。

　このように，Hb の O_2 結合・解離平衡曲線が pH の低下や温度上昇等の変化によって右方偏移することで末梢組織において Hb は O_2 を解離しやすくなる。また例えば，病気の場合は酸性環境になるので（pH が低下するので），曲線が右方方向に（O_2 分圧）の低い方向へ移行するので，肺（$pO_2 = 100\ \mathrm{mmHg}$）〜抹梢組織（40 mmHg）間の O_2 運搬量が増加するのである。

3.1.2　ヘモグロビン・ミオグロビンの酸素分子の結合・解離速度

　生体系における化学反応速度論について（ヘモグロビン（Hb）およびミオグロビン（Mb）を中心に）考える。生体系における化学反応速度論の例として，

Mb および Hb の一酸化炭素（CO）および酸素（O_2）の結合は有名であり，かつ基本となるので，ここではこれらの系について紹介する。

〔1〕 **二 次 反 応**

ヘムタンパク質の Hb および Mb と CO の反応は二次平衡反応であるが，親和性が非常に高く（結合解離平衡定数が非常に大きい），ほとんど不可逆と考えられるので，二次反応として解析できる（ギブソン（Gibson）の解析法）[58]。

この反応は，式（3.32）のように考えられ，初期状態（$t=0$）および任意時間（$t=t$）における物質濃度は，式（3.32）の下に示したように変化する。

$$\text{Fe(II)} + \text{CO} \xrightarrow{K_{on}} \text{Fe(II)-CO} \tag{3.32}$$

$$
\begin{array}{lcccc}
t=0 & \beta & \alpha & & 0 \\
t=t & \beta-x & \alpha-x & & x \quad (\alpha, \beta, x \text{ は濃度})
\end{array}
$$

そこで，反応速度の微分式を示すと，式（3.33）のようになる。

$$\frac{\mathrm{d}x}{\mathrm{d}t} = k_{on}(\beta-x)(\alpha-x) \quad （微分形） \tag{3.33}$$

また，初期条件として

$$t=0 \text{ のとき } \quad x=0 \tag{3.34}$$

とすると反応速度の積分式は式（3.35）のようになる。

$$k_{on}t = \frac{1}{\alpha-\beta} \ln \frac{\beta(\alpha-x)}{\alpha(\beta-x)} \quad （積分形） \tag{3.35}$$

以上より，解法 a および b のような方法で速度定数 k_{on} を求めることができる。

【解法 a】　$x\,[=f(t)]$ データ

縦軸に $\dfrac{1}{\alpha-\beta} \ln \dfrac{\beta(\alpha-x)}{\alpha(\beta-x)}$，横軸に t をとってプロットする

　⇒　グラフの傾き＝速度定数 k_{on}

【解法 b】　$\beta=$ 一定，α 変化

縦軸に $\dfrac{\Delta x(\alpha-x)}{\beta-x}$，横軸に Δt をとってプロットする

　⇒　グラフの傾き＝速度定数 k_{on}

〔2〕 二次平衡反応

ヘムタンパク質の Hb および Mb と O_2 の反応が二次平衡反応であり，その最も一般的な解析法（ギブソンの解析法）[58]である。

この反応は式 (3.36) のように考えられ，初期状態 $(t=0)$ および任意時間 $(t=t)$ における物質濃度は，式 (3.36) の下に示したように変化する。そこで，〔1〕と同様の方法で，速度定数 k_{on}, k_{off} を求めることができる。

$$Fe(II) + O_2 \underset{K_{off}}{\overset{K_{on}}{\rightleftharpoons}} Fe(II)-O_2 \tag{3.36}$$

$$t=0 \qquad \beta \qquad \alpha \qquad\qquad 0$$

$$t=t \qquad \beta-x \quad \alpha-x \qquad\quad x \qquad (\alpha, \beta, x \text{ は濃度})$$

そこで，反応速度の微分式を示すと，式 (3.38) のようになる。

$$\frac{dx}{dt} = k_{on}(\beta-x)(\alpha-x) - k_{off}x \qquad (\text{微分形}) \tag{3.37}$$

$$\downarrow \quad \alpha \gg \beta \longrightarrow \quad \alpha-x \approx \alpha$$

$$\frac{dx}{dt} = k_{on}\alpha(\beta-x) - k_{off}x \tag{3.38}$$

また，初期条件として

$$t=0 \text{ のとき} \quad x=0 \tag{3.39}$$

とすると，反応速度の積分式は式 (3.40) のようになる。

$$x = \frac{k_{on}\alpha\beta}{k_{on}\alpha + k_{off}} (1 - \exp(-(k_{off} + k_{on}\alpha)t)$$

$$\approx \beta(1 - \exp(-(k_{off} + k_{on}\alpha)t)) \quad \left(\because \frac{k_{on}\alpha}{k_{on}\alpha + k_{off}} \approx 1 \right) \quad (\text{積分形})$$

$$\tag{3.40}$$

〔3〕 平衡交換反応

平衡交換反応は，寿命の短い，不安定な模倣体の O_2 錯体系でおもに用いられている（ブルノリ（Brunori），ノーブル（Noble），ギブソン（Gibson）らの方法）[59,60]。

$$Fe(II)\text{-}O_2 + CO \underset{K_{on}}{\overset{K_{off}}{\rightleftharpoons}} Fe(II) + O_2 + CO \underset{j_{off}}{\overset{j_{on}}{\rightleftharpoons}} Fe(II)\text{-}CO + O_2 \tag{3.41}$$

$$\frac{\mathrm{d[Fe\text{-}CO]}}{\mathrm{d}t} = j_{\mathrm{on}}[\mathrm{Fe}][\mathrm{CO}] - j_{\mathrm{off}}[\mathrm{Fe\text{-}CO}] \tag{3.42}$$

$$\frac{\mathrm{d[Fe\text{-}CO]}}{\mathrm{d}t} = k_{\mathrm{on}}[\mathrm{Fe}][\mathrm{O_2}] - k_{\mathrm{off}}[\mathrm{Fe\text{-}O_2}] \tag{3.43}$$

$$\frac{\mathrm{d[Fe]}}{dt} = 0 \tag{3.44}$$

式 (3.44) より

$$k_{\mathrm{off}}[\mathrm{Fe\text{-}O_2}] + j_{\mathrm{off}}[\mathrm{Fe\text{-}CO}] - k_{\mathrm{on}}[\mathrm{Fe}][\mathrm{O_2}] - j_{\mathrm{on}}[\mathrm{Fe}][\mathrm{CO}] = 0 \tag{3.45}$$

$\downarrow$

$$\therefore \quad \frac{\mathrm{d[Fe\text{-}O_2]}}{\mathrm{d}t} = \frac{j_{\mathrm{off}}(k_{\mathrm{on}}[\mathrm{O_2}])}{k_{\mathrm{on}}[\mathrm{O_2}] + j_{\mathrm{on}}[\mathrm{CO}]} [\mathrm{Fe\text{-}CO}]$$

$$\frac{-k_{\mathrm{off}}(j_{\mathrm{on}}[\mathrm{CO}])}{k_{\mathrm{on}}[\mathrm{O_2}] + j_{\mathrm{on}}[\mathrm{CO}]} [\mathrm{Fe\text{-}O_2}] \tag{3.46}$$

$\downarrow$

条件：$j_{\mathrm{on}}[\mathrm{CO}] \ll k_{\mathrm{on}}[\mathrm{O_2}]$ $(\longrightarrow k_{\mathrm{on}} \approx 10 j_{\mathrm{on}}, \ [\mathrm{O_2}] \approx 10[\mathrm{CO}])$ \quad (3.47)

$\downarrow$ 式 (3.46)，(3.47) より

$$\frac{\mathrm{d[Fe\text{-}O_2]}}{\mathrm{d}t} = j_{\mathrm{off}}[\mathrm{Fe\text{-}CO}] - j_{\mathrm{on}}\left(\frac{k_{\mathrm{off}}[\mathrm{CO}]}{k_{\mathrm{on}}[\mathrm{O_2}]}\right)[\mathrm{Fe\text{-}O_2}] \tag{3.48}$$

$$\sum[\mathrm{Fe}] = [\mathrm{Fe\text{-}O_2}] + [\mathrm{Fe\text{-}CO}] \tag{3.49}$$

$\downarrow$

$$\therefore \quad \frac{[\mathrm{Fe\text{-}O_2}]}{\sum[\mathrm{Fe}]} = x, \qquad \frac{[\mathrm{Fe\text{-}CO}]}{\sum[\mathrm{Fe}]} = 1 - x \tag{3.50}$$

$\downarrow$ 式 (3.48)，(3.50) より

$$\frac{dx}{dt} = j_{\mathrm{off}}(1-x) - j_{\mathrm{on}}\left(\frac{k_{\mathrm{off}}[\mathrm{CO}]}{k_{\mathrm{on}}[\mathrm{O_2}]}\right)x = j_{\mathrm{off}} - \left(j_{\mathrm{off}} + j_{\mathrm{on}}\left(\frac{k_{\mathrm{off}}[\mathrm{CO}]}{k_{\mathrm{on}}[\mathrm{O_2}]}\right)\right)x \tag{3.51}$$

初期条件と極限条件

$$\left.\begin{array}{l} t = 0 \text{ のとき } \quad x = x_0, \\ t = \infty \text{ のとき } \quad x = x_\infty \end{array}\right\} \tag{3.52}$$

とすると

$\downarrow$ 式 (3.51)，(3.52) より

$$j_{off} + j_{on} \frac{k_{off}[CO]}{k_{on}[O_2]} = \frac{1}{t} \ln \frac{x_0 - x_\infty}{x_t - x_\infty} \equiv R \tag{3.53}$$

（なお，$x_t : t = t$ のときの $x = x_t$）

このような反応の速度を測定する方法は，高速反応測定法と呼ばれ，**表 3.2** に示すように分類[52,63]される。

表 3.2 高速反応測定法の分類[52,63]

種類	例	測定の時間領域	対応している測定手法（あるいは測定手段）
フロー法（流通法）	連続フロー法，ストップトフロー法など	ms 〜 μs	UV-vis，CD，ESR，NMR，LS など
ジャンプ法	温度ジャンプ法，圧力ジャンプ法，pH ジャンプ法，電場ジャンプ法など	μs 〜 ns	電導度測定など
フラッシュ法（せん光照射法，せん光分解法）	フラッシュホトリシス法，ダブルフラッシュ法など	μs 〜 ps	種々の分光法
パルス法（パルス放射線分解法）	パルスラジオリシス法など	μs 〜 ps	放射線量測定

3.2　金属ポルフィリン錯体による酸素分子の運搬・貯蔵認識

3.2.1　酸素分子の運搬・貯蔵とその代替物[43〜49,62〜64]

われわれの身体の中を循環する血液には，酸素（O_2）や二酸化炭素（CO_2）の輸送，栄養の運搬，細菌の捕殺，血液の凝固，浸透圧，イオンなどの体液の調整，免疫など多く機能がある。このような血液の機能を部分的にでも代替しようとする研究は古くから行われており，**表 3.3** のような分類で検討されている。しかし，赤血球，すなわち O_2 や CO_2 の運搬能については代替物が具体化されていなかった。

外傷などによって急速な血液不足が生じた場合，保存血液や血液の構成成分

表3.3 血液成分とその代替物

血　　液			代替物
血漿（55%）	血漿タンパク質	アルブミン（循環血液量の維持） グロブリン（免疫抗体） フィブリノーゲン（凝固因子） その他	血漿増量剤（デキストラン，修飾デンプン）
	電解質	Na^+，K^+，Ca^{2+}，Mg^{2+}，Cl^-，HCO_3^-，HPO_4^- など	電解質
血球（45%）	赤血球	ヘモグロビン（O_2 運搬）	O_2 運搬体（人工血液）
		炭酸脱水素酵素（CO_2 排泄）	CO_2 排泄体
	白血球（細菌殺傷）		ペニシリンなどの抗生物質
	血小板（凝固作用）		凝固剤

の輸血が役に立つが，外科手術の進歩・拡大や献血による血液提供者の減少は輸血用血液の慢性的な不足をもたらしている。さらに，血液保存の難しさや血液型の適合性，血液を介したウイルス感染（血清肝炎，AIDS など）の問題に加えて，宗教上の理由による輸血拒否という問題もあり，人工血液[47,48]の開発は現在も医工学分野における最重要課題の一つになっている。

3.2.2　酸素分子の運搬・貯蔵の代替技術

この分野の研究動向は大きく第1〜第3世代に分類される。

・第1世代：酸素高濃度溶解乳剤（例：フルオロカーボン乳剤）[65〜72]，

・第2世代：血液から分離したヘモグロビンの再利用（例：ストローマフリーヘモグロビン，修飾ヘモグロビン，ヘモソーム）[73〜88]，

・第3世代：酸素化錯体の利用（リポソーム包埋ヘム）[49〜51,64,65,86〜100]

に分けられる。以降は各世代の研究について解説する。

〔1〕　第1世代：酸素高濃度溶解乳剤（例：フルオロカーボン乳剤）[65〜72]

酸素溶解乳剤とは，酸素溶解度が高く，水の約10倍量の酸素を溶解できるパーフルオロカーボン（PFC）類を酸素運搬体として用いた人工血液のことである。しかしながら，PFC 類は（有機溶媒なので）水と混ざらない，すなわ

ち水に不溶なため，界面活性剤の添加により粒径 約 0.1 μm 程度の乳剤とする。そのような形態をとっていたことから，「白い血液」と呼ばれた。これを静脈注射すると，血栓ができることなく血中を約 30～60 時間の間，酸素運搬体として循環し，呼気から体外に排泄されると報告されている。この乳剤中のPFC 類は 20～35％の組成なので酸素運搬量も PFC 単独の場合と比べて 1/3～1/5（20～35％）となること，さらに本法では酸素は物理的に溶解する（Henryの法則に従う）ため生理条件下での酸素分圧差〔肺～末梢組織：100～40 Torr〕における酸素運搬量は少ないことなどが課題であった。そのため酸素溶解乳剤の使用にあたっては，酸素テントなどを用いた高酸素分圧を与圧する条件が必要となる。しかしながら，現在も臨床試験の成績があるのは，このパーフルオロ乳剤のみであるのも事実である。

〔2〕 **第 2 世代：血液から分離したヘモグロビンの再利用**（例：ストローマフリーヘモグロビン，修飾ヘモグロビン，ヘモソーム）[73~88]

赤血球膜にある糖鎖（または糖鎖型物質）構造の違いを分類した ABO 式血液型はよく知られているが，この違いは輸血の際に不適合を生じる。そこで赤血球から膜を完全に除去した**ストローマフリーヘモグロビン（SF-Hb）**を人工血液として利用する研究が推進されている。しかし，SF-Hb を静脈注射するとすぐに腎臓からの排泄と細胞内皮系への取り込みが生じ，血中から SF-Hb が急速に消失することが課題となっている。これを解決するため，Hb を高分子（デキストラン，ポリ（エチレンオキシドなど）に結合させたり，Hb に分子内架橋や修飾を施したり（**修飾ヘモグロビン**）（**修飾 Hb**）），Hb をリポソーム（リン脂質からなる 2 分子膜小胞体）に包んだりしたもの（**ヘモソーム**（hemosome））による赤血球代替が検討されている。

Hb にデキストランやポリ（エチレンオキシド）（$M = 3.4 \times 10^3$ 程度）などを化学的に結合させて修飾すると，分子量が大きくなることで血中における滞留時間も延長される。この修飾 Hb を用いたイヌの 80％交換輸血において，血中での滞留時間は 32～44 時間となり，交換輸血したイヌについては 1 週間程度の一過性変化が観測されたものの，血液の生化学的検査はすべて正常値を示

し，5か月以上の生存が確認されたと報告されている。

　また，赤血球中の Hb の 2, 3-ジホスホグリセレート（2, 3-DPG 結合部位で 4 量体 Hb を分子内架橋した系やピリドキサール 5′ リン酸（PLP）を結合させた SF-Hb 系も検討されている。グルタルアルデヒドや PLP で架橋・重合させた SF-Hb 系では，血中での滞留時間が数時間〜1 日継続し，酸素親和性値（$P_{1/2}$）は 10〜25 Torr となることが報告されており，その特性が有望視されている。Moss らは，この人工血液をはじめてヒトに投与したが，結合部が Schiff 塩基（イミン）であったために解離が起こり，保存安定性が乏しかったと報告している。また同様な理由から，重合度の揃った架橋 Hb を合成することができない難点もある。

　さらに，鎌状赤血球病の治療薬であるビス（3, 5-ジブロモサリシル）フマレートを架橋剤に用い，Hb の α 鎖どうしを選択的に結合した修飾 Hb も開発されている。この修飾 Hb は，$P_{1/2} = 28$ Torr かつ，アロステリック効果の指標となる Hill 定数（n 値）が 2.2 と酸素運搬能が良好であり，ブタへの 50% 交換輸血においては，血中滞留時間 22 時間，腎排泄 5% 以下という優れた結果を示している。

　このように人工血液として優れた特性が報告されている修飾 Hb であるが，濃度を向上させることが難しいという大きな欠点がある。実際の血液と同等の Hb 濃度を目指して修飾 Hb 濃度を上げると，系の粘度やゲル浸透圧などが高くなってしまい，達成は困難である。また，いずれの修飾 Hb 系においても，$P_{1/2}$ 値が赤血球よりも高く，血流を混合した際に赤血球や組織へきちんと酸素供与されるかどうかの確証が得られていない。そのほかにも，化学修飾に伴う Hb の変性やメト化，さらに血漿中での比較的早い劣化など，赤血球が膜内に Hb を閉じ込めている生化学的意義と表裏の問題が生じている。

　一方，血液中から分離した Hb を架橋・重合するのではなく，リポソームからなる小胞体でカプセル化する方向性の研究も行われている。これについては，1960 年代に Chang らが合成高分子膜を用いた粒径 20 μm 程度の Hb カプセルを作製し検討しているが，数 μm 程度と厚い膜であったために酸素透過性

が不十分で，実用性を大きく欠いていた。

　つぎに Miller らが赤血球膜をリン脂質膜に置換する方法を検討し，リン脂質を使用した Hb 小胞体をはじめて構築した。この Hb 小胞体は，弾力に富み凍結乾燥に耐えられることに加えて，膜成分を調整することで赤血球や血漿タンパク質との相互作用を抑えて融合・凝集などを防ぎ，長時間安定な系を保った。この小胞体の人工血液としての特性は高く，$P_{1/2}=28$ Torr，膜中の Hb 量 $=10.7$ g dL^{-1} を示したが，滅菌処理の困難さやその大きな粒径（約 30 µm）が原因で血栓が形成される問題があった。

　そこで Hunt らは，2,3-DPG を含む Hb／脂質の重量比が 3.4，粒径 0.5 µm の小胞体を調製し，改良を試みた。この Hb 小胞体の人工血液としての機能は，$P_{1/2}=24$ Torr，$n=2.1$，Hb 濃度 $=7.6$ g・dL^{-1} であり，ラットの 50％交換輸血ではすべての個体において 18 時間以上の生存を確認し，そのうちの 40％は 6 日間以上の生存を確認している。この場合は，ほぼ赤血球に匹敵する性能が観察され，ヘモソームと呼ばれている。

　この小胞体の構成成分には卵黄レシチンやコレステロール，脂肪酸などが用いられ，それらで Hb とエフェクター DPG を包含させている。調整によって $P_{1/2}$ および n 値を赤血球に近似させることもできる。例えば，粒径約 1 µm，浸透圧・コロイド浸透圧の調整が可能で，かつ赤血球より大きい機械的強度，長期保存を可能とし，ラットでの全血交換実験では半減期 6 時間で組織の病理的異常は観測されていないことが報告されている。

　さらに小胞体の物理的安定性の向上を図る方法として，高分子化脂質を膜成分として検討したり，多糖類の膜表面への修飾などが検討されたりしている。これらは膜の融合や凝集は起こさないものの，前者は酸素輸送能が不十分であり，後者は in vivo 試験での安定性があまり高くないことがわかっている。

　これらのことを考慮して，人工血液について，つぎの二つを述べる。

① 　血液成分の利用であるヘモグロビン-アルブミンクラスター（アルブミン-ヘム複合体）[87]　　2015 年頃より，中央大学理工学部の小松らのグループは，Hb の周りに架橋剤を用いて 3 個のアルブミン（Ab）を結合したコア-

シェル型の（ヘモグロビン-アルブミン）クラスター（Hb-Ab クラスター，
製剤名：HemoAct™（ヘモアクト），上記の修飾 Hb 系の進化系である）
を生成している。ここでクラスターとは英語で「房」という意味であり，
HemoAct™ の表面は Hb の周りに 3 個の Ab が結合する形で Ab に覆われ
ているため，生体は異物認識せずに，効果的に生体内で作動するのであ
る。さらに，HemoAct™ 溶液は，血液型がなく，長期間保存が可能であ
り，凍結乾燥粉末として保管可能である。

② 人工生体膜への応用であるリポソーム包埋ヘモグロビン[88]　　防衛医科
大学校医学科の萩沢および木下，早稲田大学理工学術院の武岡および奈良
県立医科大学医学部の酒井のグループは，人工の血小板と人工の赤血球か
らなり，止血成分の血小板と酸素運搬能を有する Hb をそれぞれのリポ
ソーム（リン脂質から成る二分子膜小胞体）に詰めた（すなわち，Hb 小
胞体の進化系である）。血小板包埋リポソームを武岡のチームが，Hb 包埋
リポソームを酒井のチームが，動物実験および全体的な総括などを萩沢お
よび木下のチームが担当し，強力なチームワークで対応している。やは
り，この人工血液も，血液型を問わないし，常温で 1 年以上も保存が可能
である。例えば，重篤な出血状態のウサギで動物実験を行ったところ，10
羽中 6 羽が助かり，本物の血液を輸血した場合と同程度の結果を得ている。

〔3〕 第 3 世代：酸素化錯体（完全合成系）の利用[27~30, 37, 39, 43, 47~49, 89~101]

第 3 世代の人工血液は，酸素化錯体の利用である。従来から，米国で酸素分
子（O_2）を結合（配位）した鉄 (II) ポルフィリン錯体の研究が行われており，
スタンフォード大学のコールマン（J. P. Collman）[89]，カリフォルニア大学サン
フランシスコ校のトレーラー（T. G. Traylor），ミシガン州立大学（台北大学兼
任）のチャン（C. K. Chang）らが著名である。しかしながら，これらの研究も
水溶媒中ではうまくいかず，すべて有機溶媒中の報告である。

そこに目を付けたのが，早稲田大学理工学部の土田と西出，ならびに大鵬薬
品工業株式会社の長谷川（著者の良き大学の先輩でありかつ研究仲間であり，
企業退社後，早稲田大学理工学研究所に勤務された）である。Hb の酸素結合

部位であるヘムをグロビン鎖から単離すると，酸素結合機能は消滅する。つまり，単離すると即座に酸化するからである。その点，Hb および Mb においては，そのグロビン鎖の疎水ポケットにヘムを包埋することにより，酸化を防いでいるのである。すなわち，ヘムの酸素結合には高分子（グロビン鎖）の存在が不可欠である。多数の高分子結合したヘムの合成を試みたが，生理条件下ではうまくいかなかった。

その後，先ほど紹介したリポソームを用いることによって成功している。すなわち，リポソーム二分子膜の層間（ここはアルキル鎖の疎水的な環境である）にヘムを埋め込んだところ，生理条件下においても有効な酸素錯体を形成したのである。これを**リポソーム包埋ヘム**（liposome-embedded heme）といい，**図3.2**に示すものである。

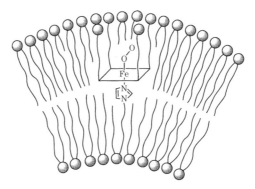

図3.2　リポソーム包埋ヘム

初期においては前述した Collman の鉄（II）ピケットフェンスポルフィリン錯体が用いられていたが，その後は，二分子膜と相溶がきわめて易く，酸素錯体が安定なフェンス-長鎖-リン酸コリン基を有する**リピド-ヘム**（鉄（II）リピドポルフィリン錯体）（**図3.3**）が使用されている。これにより，リン脂質二分子膜との相溶性・配向性等も向上し，その効果で酸素錯体の安定性も向上した。さらにラット，ウサギなどの動物実験も行われ，それなりの実績も積まれてきている。しかしいまだ酸素化錯体を利用した人工血液は世に出てきていない。それは，ヒト血液としての溶液物性，人体との適合性など，まだ克服すべき問

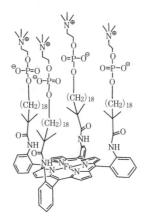

図 3.3　リピド-ヘム

題が残されているからであろう。

　ここでは人工血液の最大の役割である「酸素運搬」のみを考えてきた。そのような限られた機能であっても救急的な，あるいは一時的な使用や代替であれば[†]可能であろう。しかしながら，本当の意味での「人工血液」を考えた場合，表 3.1 のような多くの役割が血液にはあるので，「すべての役割を考慮した人工血液」の開発が重要となる。

　以下では，リポソーム包埋ヘムに関する詳細な解析結果を数例紹介する。

　リポソーム包埋ヘムのリポソーム二分子膜の組成と酸素錯体の寿命を検討したところ，100％リン脂質よりも 95％リン脂質／5％コレステロールのほうが酸素錯体の寿命が向上した。これは，一般の生体膜などに比較的に近い組成ほど効果的かつ保持力の高い二分子膜が形成されているので，酸素錯体の安定性も向上したと考えることができる。これより，二分子膜の安定化が酸素錯体の寿命の延命に寄与することが示された。

　つぎに，早稲田大学理工学部の土田，西出，長谷川，湯浅らのリポソーム包埋ヘム（別名：リポソーマルヘム）による酸素分子の運搬・貯蔵に関する検討について示す[27, 94]。第 1 に，血液が酸素分子を運搬・貯蔵しているかの最も確

---

†　例えば，今後の宇宙開発に伴い，輸血液確保の難しい宇宙ステーションにおいて人工血液が必要となることが想定される。

かな評価は，その定量分析，すなわち血液中の酸素分子の質量分析である。従来から理工学的および医学的には質量分析としてワールブルグ法，ヴァン・シュライク（van Slike）法などが存在し，湯浅らも血液中および人工血液中の酸素分子の質量分析を評価している。これらの測定より，血液および人工血液の酸素分子の質量の理論値と対応する酸素分子質量が定量でき，酸素分子を定量的に運搬していることが明らかとなっている。しかしながら，ワールブルグ法，ヴァン・シュライク（van Slike）法などの質量分析は，非常に熟練しない限り，誤差が大きく，定量分析としては難しい方法であり，さらに，化学的，医学的にも，水に溶けている酸素分子を定量する方法は，通常の溶存する酸素分子のみが定量されて化学的に結合して，水に溶けている酸素分子を定量するのは難しかった。

そのため，湯浅らも，新たな定量分析の創出が必要であることを痛感していた。そこで湯浅らは，酸素分子のトレーサーである ^{15}O-O を用いた方法，すなわち ^{15}O-O トレーサー法を用いることにし，この方法による化学結合性の酸素分子の定量を検討した[93]。なお，この実験をするにあたり，これが新規な実験であるため，その正当性を示すために，対照試料として赤血球懸濁液についても同様に測定した。この方法により湯浅らは，赤血球懸濁液および人工血液に化学的に結合している酸素分子の体積を ± 5％の誤差範囲内で定量した。

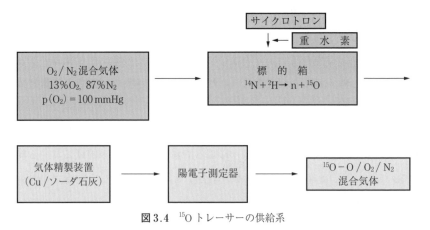

図3.4 ^{15}O トレーサーの供給系

　まず，^{15}O は半減期 118 秒の短寿命の酸素（^{16}O）の同位体であり，陽電子を放出して ^{15}N に変わっていく放射性元素であり（式 (3.54)），水に溶けている分子状酸素（O_2）と同位体交換反応により，放射性トレーサーとなる（式 (3.55)）。^{15}O トレーサーの供給系を**図 3.4** に示す。

$$^{14}N + {}^2H \longrightarrow n + {}^{15}O \tag{3.54}$$

$$\text{O-O} + {}^{15}O \longrightarrow {}^{15}\text{O-O} + O \quad (^{16}O \text{ は O で示す}) \tag{3.55}$$

　ここで，O_2 分子は血液中の Hb（赤血球懸濁液中の Hb）や人工血液中の修飾ヘム（リポソーム包埋ヘム中の修飾ヘム）に錯結合して吸収されるが，この可逆反応（**図 3.5**）を ^{15}O トレーサーにより追跡した。試料は前述したとおりで，^{15}O トレーサーの供給系からは $^{15}O/O_2/N_2$（$pO_2 = 100$ mmHg）の混合気体が 200 mL/min（150 μC/min）で供給され，試料溶液に気泡で撹拌されている間に，30 秒ごとに溶液の陽電子消滅放射線（0.511 MeV）を測定した。さらに，この放射線の強度は数分後に飽和したが，このことは紫外・可視吸収スペクトルの変化（デオキシ錯体から酸素分子付加体への変化を反映）によっても確認されている。この場合，式 (3.57) に示す交換反応は起こっていないことが示された。

$$^{15}\text{O-O} + H_2O \longrightarrow O_2 + H_2{}^{15}O \quad (^{16}O \text{ は O で示す}) \tag{3.57}$$

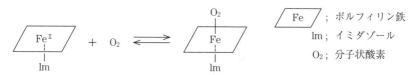

図 3.5 Hb（あるいは合成ヘム）と分子状酸素との反応

　水に対する O_2 分子の溶解度は 30 ℃ において 26.10 mL/L であることを考慮し，赤血球懸濁液およびリポソーム包埋ヘムによる O_2 分子の取込量が計算され，ヘム濃度 1.0 mM の場合，それぞれ 2.94 および 1.87 mL_{O_2}/100 mL であった。これらの値は，紫外・可視吸収スペクトルの変化からの計算値とも実験誤差範囲内で一致している。なお，従来法の O_2 分子プローブ法による測定結果では，これらの溶液に対して，それぞれ 0.417 および 0.423 mL_{O_2}/100 mL とい

う値が得られたが，これらは物理的に溶解している O_2 分子の溶解量である。以上より，^{15}O トレーサー法は結合酸素分子量を知ることができる方法であり，生体での定量的な酸素分子測定に関する研究も期待できる。

　リポソーム包埋ヘムは，生理条件下（pH 7.0〜7.4, 37℃）において可逆的に O_2 分子を結合・解離する。この O_2 結合・解離のサイクルは 100 以上可能で数日安定に O_2 分子を運搬することが可能である。

　リポソーム包埋ヘムの O_2 分子の結合および解離の速度は，**表 3.4** に示すように，約 $10^4\,M^{-1}\cdot s^{-1}$ および約 $1\,s^{-1}$ であり[27]，赤血球の結果と一致し，急速な吸脱着であると考えられ，約 0.1 s で O_2 分子が吸脱着することから，肺胞滞留時間（約 0.8 s）内で十分な O_2 分子吸脱着が行われる。

　リポソーム包埋ヘムの O_2 親和性は，O_2 結合・解離平衡曲線測定より求め

コラム ③　リポソーム包埋ヘムのリバースボーア効果[27, 100]

　リポソーム包埋ヘムの O_2 親和性評価において，pH に依存する効果，すなわち Hb のボーア効果（pH の上昇とともに O_2 親和性が低下する現象）のような挙動が得られている（**図**）。すなわち，リポソーム包埋ヘムの O_2 親和性は，Hb の O_2 親和性とは逆のいわゆる"リバースボーア効果（pH の上昇とともに O_2 親和性の増加）"が生じ，リポソーム包埋ヘムの成分であるイミダゾール配位子の pH 依存（イミダゾール配位子の pH 変化によるプロトン化の依存）に対応するものと考えられる。

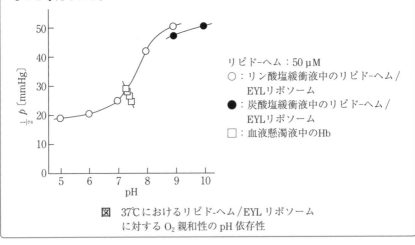

リピド-ヘム：50 μM
○：リン酸塩緩衝液中のリピド-ヘム／EYL リポソーム
●：炭酸塩緩衝液中のリピド-ヘム／EYL リポソーム
□：血液懸濁液中の Hb

図　37℃におけるリピド-ヘム／EYL リポソームに対する O_2 親和性の pH 依存性

表 3.4 酸素結合・解離速度定数[49]

ヘ　ム	$k(O_2)_{on}$ $[1 \times mol^{-1} \times s^{-1}]$	$k(O_2)_{off}$ $[s^{-1}]$	$k(O_2)$ $[1 \times mol^{-1}]$
リポソーム包埋ヘム			
EYL	3.7×10^4	2.2	1.6×10^4
DMPC	3.5×10^4	2.3	1.7×10^4
DPPC	2.2×10^4	0.86	2.6×10^4
赤血球懸濁液	1.1×10^4	0.16	6.8×10^4
ミオグロビン	$1.0 \sim 2.0 \times 10^7$	$10 \sim 30$	$0.67 \sim 1.0 \times 10^6$
ヘモグロビン	3.3×10^7	$12 \sim 13$	$2.5 \sim 2.7 \times 10^6$

た[49]（**図 3.6**）。この O_2 親和性（指標となる $P_{1/2}$ 値）は，生理条件下において，リポソーム成分組成により $25 \sim 50$ mmHg となり，赤血球の値と類似し，それに対して Mb の値に比べてかなり親和性が低いものであった。この事実は，リポソーム包埋ヘムが生理条件下（肺の酸素分圧 100 mmHg〜抹消組織 40 mmHg）において酸素分子を有効に輸送できること（酸素運搬効率約 30%，O_2 結合・解離平衡曲線が S 字曲線ではなく，親和性の低い双曲線なのでなせる結果である）を示すもので，この意味において生体の酸素担体（**酸素運搬体**，oxygen carrier）としての一つの条件を満足するものである。

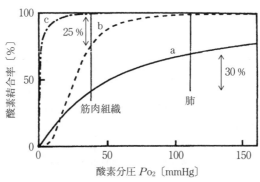

（①：リポソーム包埋ヘム，②：血液，③：Mb）

図 3.6 リポソーム包埋ヘムの O_2 結合・解離平衡曲線[49]

さらに，リポソーム包埋ヘムとヒト赤血球間の酸素交換反応についての検討もある。リポソーム包埋ヘムとヒト赤血球を直接混合して，両者間での酸素交

換反応分光法により測定したところ，リポソーム包埋ヘムのO_2結合・解離平衡定数に対応した酸素交換反応を観測した。まず初めに，種々の酸素分圧下における，リポソーム包埋ヘムおよび赤血球の等量混合溶液における，それぞれの酸素結合率を**図3.7**に示したO_2結合・解離平衡曲線から算出した[99]。それぞれの酸素結合率を点線で示してあるが，オキシ型リポソーム包埋ヘムとデオキシ型赤血球を混合した溶液（図（a）），逆にデオキシ型リポソーム包埋ヘムとオキシ型赤血球を混合した溶液（図（b））ともに，測定値は計算曲線上に

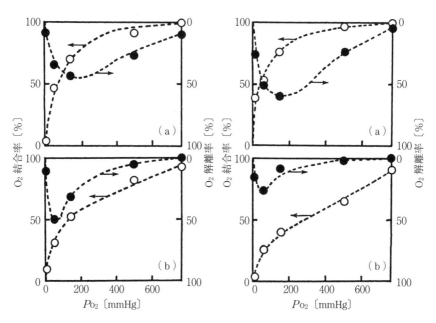

（a） オキシ-リポソーム包埋ヘムとデオキシ-
　　 赤血球の混合系
　　 ○：赤血球のO_2結合率
　　 ●：リポソーム包埋ヘムのO_2解離率
（b） オキシ-赤血球とデオキシ-リポソーム包
　　 埋ヘムの混合系
　　 ○：リポソーム包埋ヘムのO_2結合率
　　 ●：赤血球のO_2解離率

図3.7 リポソーム包埋ヘムと赤血球との
　　　 酸素交換[95]

（a） オキシ-リポソーム包埋ヘムとデオキシ-
　　 Mbの混合系
　　 ○：MbのO_2結合率
　　 ●：リポソーム包埋ヘムのO_2解離率
（b） オキシ-Mbとデオキシ-リポソーム包埋
　　 ヘムの混合系
　　 ○：リポソーム包埋ヘムのO_2結合率
　　 ●：MbのO_2解離率

図3.8 リポソーム包埋ヘムとMbとの
　　　 酸素交換[95]

あり，一致した。例えば，O_2 分圧 140 mmHg，ヘムの O_2 結合率 87％ のリポソーム包埋ヘム溶液 50 ml と酸素分圧 0 mmHg，ヘム（Hb）の O_2 結合率 0％ の赤血球溶液を混合すると，0.6 ml の酸素が赤血球に受け渡されたことになる。

　つぎに，同様にリポソーム包埋ヘム溶液と Mb 溶液を混合して実験を行った[99]（図3.8（a））。さらに，その逆（図（b））も行ったところ[95]，いずれの場合も O_2 結合・解離平衡曲線からの計算値上に測定値が得られた。Mb は赤血球よりも O_2 親和性が高いので，酸素分圧の低い領域でも酸素はリポソーム包埋ヘムから Mb へと受け渡されたことがわかる。これらより，リポソーム包埋ヘムの O_2 親和性は，赤血球（酸素分圧が約 30 mmHg 以上で）および Mb（酸素分圧全域で）のそれらより弱く，生理条件下でも合成ヘムに配位した酸素分子が赤血球，Mb に受け渡されることを確認した。これらの実験結果は，リポソーム包埋ヘムが肺～末梢組織間を高速流動して，肺から末梢組織へと O_2 を運搬することを示している。

　以上，人工血液の実状などについて述べたが，現在はやはり第 1 世代のパーフロロカーボン乳剤に代わる第 2 世代の人工血液，すなわち Hb の再利用がやっと日の目を見るようになってきたところである。著者は化学者なので，できれば今後は，まったく生体系の材料を使わずに作れる，全合成型の第 3 世代が躍進することを祈る次第である。

コラム ④　ストップドフロー測定のデータ[27, 28]

　リポソーム包埋ヘムの酸素（O_2）結合の代わりに，ヘムタンパク質（Hb および Mb）でも結合が可能なニトロソベンゼン（O_2 分子に比べて大きな結合分子（配位子）なので，その結合挙動が顕著に現れる）を用いた結合速度測定を行ったところ（図1），リポソームの大きさ（小さな一枚膜リポソーム（SUV）と大きな一枚膜リポソーム（LUV））に依存して，その結合挙動が変化する。

　すなわち，図2（a）のように，SUV の場合は曲率が大きいのでリピド-ヘムは膜外側にしか入れないが，図（b）の LUV の場合は曲率が小さいのでリピド-ヘムは膜の外側と内側の両方に入れる。そのため LUV の場合のみ配位子結合挙動が二相性を示している。

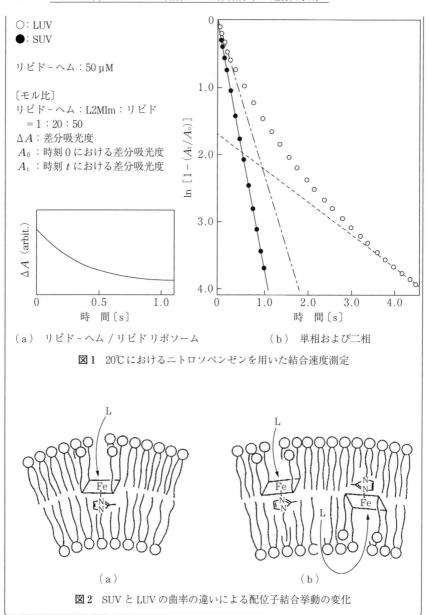

○：LUV
●：SUV

リピド-ヘム：50 μM

〔モル比〕
リピド-ヘム：L2MIm：リピド
= 1：20：50
ΔA：差分吸光度
A_0：時刻 0 における差分吸光度
A_t：時刻 t における差分吸光度

（a） リピド-ヘム / リピドリポソーム   （b） 単相および二相

図1 20℃におけるニトロソベンゼンを用いた結合速度測定

（a）   （b）

図2 SUV と LUV の曲率の違いによる配位子結合挙動の変化

4

金属ポルフィリン錯体による
酸素分子の還元
－酸素分子の還元反応－ [10~12, 41, 42, 63, 102~135)]

4.1　呼吸と呼吸鎖電子伝達系

　呼吸とは，狭義には人間が息を吸ったり，吐いたりする挙動であるが，広義には生体が生命活動によって必要なエネルギーを生み出すことである。具体的には，多糖類，タンパク質，脂肪などの高エネルギー物質（呼吸基質）を酸化分解して，その過程で生成する，生体エネルギーのアデノシン三リン酸（ATP）などの高エネルギーのリン酸化合物に変換する作用である。すなわち，ここで表す呼吸とは，生化学的な作用での表現であり，ほとんどの生体が呼吸基質を酸化分解するために酸素を利用している。この酸素を利用する呼吸を「酸素呼吸」，酸素を利用しない呼吸を「無気呼吸」という。

　この酸素呼吸には3段階あり，第1段階においては，呼吸基質である多糖類，タンパク質，脂肪などが，それぞれ単糖，アミノ酸，脂肪酸・グリセロールなどに分解される。このときにはまだ ATP は生産されない。つぎに，第2段階においては，これらの低分子がさらに分解されて活性酢酸であるアセチル補酵素（アセチル CoA）に変換される。ここでは，ATP の生産は少量の2分子程度である。そして，第3段階において，細胞のミトコンドリア内部で化学反応が進行する。ここでは，ATP の生産は大量の36分子程度になる。

　この第3段階には，クエン酸回路と呼吸鎖電子伝達系（**図 4.1**）があり[1)]，前者はアセチル CoA が脱炭酸酵素，脱水素酵素などにより酸化分解されて CoA（1分子）と二酸化炭素（CO_2, 2分子）になると一緒に3分子の還元型ニコチ

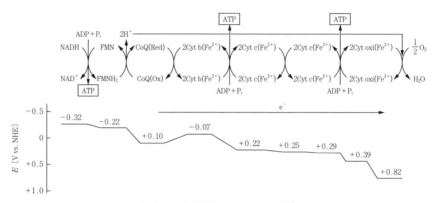

図4.1 呼吸鎖電子伝達系の機構[1]

ンアミドアデニンジヌクレオチド（NADH）と1分子の還元型フラビンアデニンジヌクレオチド（$FADH_2$）を生成して ATP も2分子程度生成する。そして後者は正確には呼吸鎖電子伝達系と呼び，ここでは NADH，$FADH_2$ などが生体内還元剤により導入され，多数の電子伝達物質；NADH デヒドロゲナーゼ，CoQ，シトクロム b（Cyt b），シトクロム c_1（Cyt c_1），シトクロム c（Cyt c），シトクロム c 酸化酵素（Cyt c oxi）などを経て，最終的に電子（e^-）が Hb より運搬された O_2，プロトン（H^+）などと反応して H_2O になる。

　酸素呼吸においては，このような電子伝達作用により，大量の ATP が生成される（ATP 34分子程度）。すなわち，多糖類，タンパク質，脂肪などの高エネルギー物質と O_2 から CO_2 と H_2O になる過程において生体エネルギーである ATP が生成されるのである。特に，電子伝達系の最終反応である Cyt c oxi を触媒として O_2 が4電子還元されて H_2O となる。

$$O_2 + 4H^+ + 4e^- \xrightarrow{\text{Cyt c oxi}} 2H_2O \tag{4.1}$$

4.2　シトクロム c 酸化酵素の機能

　このようなシトクロム c 酸化酵素（Cyt c oxi）の機能についての研究は，Cyt c oxi がミトコンドリア内膜上に存在しているため，単離が困難であり各種構造

や反応機構が不明であったが，1995 年に Cyt c oxi の X 線結晶構造解析結果などにより明らかとなった。Cyt c oxi と（4.1）式に基づく反応の流れ，反応機構などについて，**図 4.2**，**図 4.3** に示す[1]。

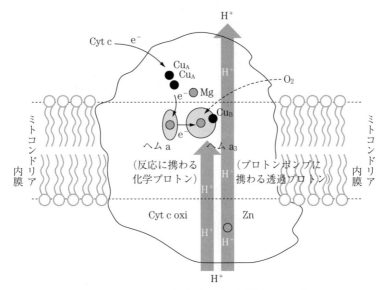

図 4.2　Cyt c oxi と式（4.1）に基づく物質の流れ[1]

なお，図 4.3 の詳細については，つぎのように考えることができる（半カッコ数字は図 4.3 中の半カッコ数字に対応する）。

1）　ヘム a_3 と Cu_B は，それぞれ Fe^{3+} と Cu^{2+} の酸化状態であり，ヒスチジン（H）325 のイミダゾール（Im-H）はイミダゾレート（Im^-）となって Cu_B に結合し，Im^- への負電荷はトレオニン（T344）との水素結合により安定化していること。

$$[(\text{ヘム } a_3)Fe^{3+} \qquad (Cu_B)Cu^{2+} - Im^- \cdots H\text{-}O(T344)]$$

2）　Cu_B が 1 電子（$+e^-$）還元されて Cu^+ となり，Im^- は T344 のプロトン（H^+）を受け取って Im-H になること。

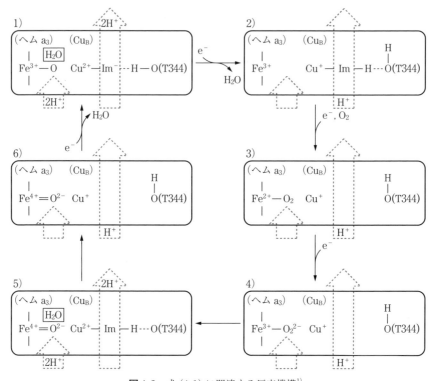

図4.3 式 (4.1) に関連する反応機構[1]

$$[(\text{ヘム a}_3)\overset{\displaystyle |}{\underset{\displaystyle |}{\text{Fe}}}{}^{3+} \qquad (\text{Cu}_B)\text{Cu}^+ - \text{Im} - \text{H} \cdots \overset{\displaystyle \overset{\text{H}}{|}}{\text{O}} (\text{T344})]$$

3) ヘム a_3 が 1 電子還元 $(+e^-)$ されて Fe^{2+} となり,H325 は H^+ を受けとり イミダゾリウム $(^+H-Im-H)$ になって Cu_B から離れて別の部位に結合する。この際酸素 (O_2) が取り込まれて Fe^{2+} と結合すること。

$$[(\text{ヘム a}_3)\overset{\displaystyle |}{\underset{\displaystyle |}{\text{Fe}}}{}^{2+} - \text{O}_2(\text{Cu}_B)\,\text{Cu}^+ - \text{Im}^- \qquad \overset{\displaystyle \overset{\text{H}}{|}}{\text{O}}(\text{T344})]$$

4)) もう 1 電子導入 $(+e^-)$ されて O_2 が還元されてペルオキソ $(O_2{}^{2-})$ となり,この電気的中性を保つために H^+ を取り込んでグルタミン酸 (E) 287 に結合 $(H\cdots O(E287))$ すること。

$$[(\text{ヘム } a_3) \, Fe^{3+} - O_2^{2-} (Cu_B)Cu^+ \quad \overset{\displaystyle H}{\underset{\displaystyle |}{|}}O(T344)]$$

5）ペルオキソ（O_2^{2-}）に2個の H^+ が供給されてペルオキソの O-O 結合は開裂し，一方は H_2O になり，もう一方はオキソフェリル型 $Fe^{4+}=O^{2-}$ になる。二核中心の電気的中性を保つために H325 の2個の H^+ は細胞内に放出され，$^+$H-Im-H が Im-H となって Cu_B に戻り，E278 からプロトンを受け取って T344 と結合すること。

$$[(\text{ヘム } a_3) \, Fe^{4+} = O^{2-} (Cu_B)Cu^{2+} - Im - H \cdots O \, (T344)]$$ 　$\boxed{H_2O}$　H

6）Cu^{2+} は Cu^+ に還元され，3）と同様な過程で H325 に移動すること。

$$[(\text{ヘム } a_3) \, Fe^{4+} = O^{2-} (Cu_B)Cu^+ \quad \overset{\displaystyle H}{|}O \, (T344)]$$

1）最後に再び 1）に戻るため，2個の H^+ が導入されて H_2O を生成する。そして H325 のイミダゾリウムの2個の H^+ は細胞外に放出されてイミダゾール環が戻ってくること。

$$[(\text{ヘム } a_3) \, Fe^{3+} \quad (Cu_B)Cu^{2+} - Im^- \cdots H\text{-}O \, (T344)]$$ 　$\boxed{H_2O}$

このような循環機構が成立すると推定されている。

以上のことから，① ～ ④ のようなことが結論づけられる。

① Cyt c oxi には4個のサブユニット（1～4）があり，サブユニット1にはヘム a およびヘム a_3-Cu_B があり，サブユニット2には Cu_A-Cu_A が存在する。

② 電子（e^-）は電子伝達系（図4.1）の Cyt c から式（4.2）のように移動する。

③ プロトン（H^+）には図4.2および図4.3に示すように2種類のものがある。一つは式（4.2）に携わる化学プロトンであり，もう一つは細胞の内

側から外側に移動させるプロトンポンプに携わる透過プロトンである。

Cyt c → (Cyt c oxi 内の)Cu_A-Cu_A(1.9 nm) →ヘム a(1.4 nm) → ヘ

ム a_3 と Cu_B　　　　　　　　　　　　　　　　　　　　　(4.2)

④　O_2 の H_2O への還元（式 (4.2)）とプロトンポンプについての機構が推定される。

4.3　シトクロム c 酸化酵素のモデル系と燃料電池電極触媒としての利用（焼結系）

4.3.1　学術的な検討（モデル系）

シトクロム c 酸化酵素（Cyt c oxi）のモデル系として，この酸素還元反応（ORR：oxygen reduction reaction）の触媒反応を人工系で再現するため，さまざまな金属ポルフィリン系の金属錯体が合成されている[1]（図 4.4）。O_2 の 4 電子還元反応は単核の金属ポルフィリン錯体では難しく，二核錯体，多核錯体さらには分子集合体錯体を用いて初めて可能となるのである。活性中心の構造は 2 個の金属原子間に O_2 が架橋配位 μ-パーオキソ構造（M-O-O-M）を形成する場合に高い活性が発現している。ポルフィリン，フタロシアニンなどの大環状配位子を有する金属錯体は，図 4.4（a）に示すように，1980 年に Collman が合成した対面型のコバルトポルフィリン二量体における O_2 の効率高い 4 電子還元系の実験を契機に，O_2 配位の動的過程や中間体の構造解析などの基礎的な検討を含めて現在でも幅広く研究されている。これらのモデル化合物を図 4.4 に順次示している。

例えば，アントラセンやビフェニレン骨格から成る剛直な架橋構造を二つのポルフィリン間の片側だけに導入した場合（図（b）（c）および（d））は，O_2 配位の際の立体障害が緩和されて反応律速電流，すなわち，触媒のターンオーバー速度が著しく大きくなると考えられる。これに関連して結合部が蝶番（ちょうつがい）のように働いて二つのポルフィリン環が開閉する仕組みを持たせた錯体（図（e）（f））においては，O_2 を加えたり離したりしながら，この触媒反応が円滑に進行することが報告されている。さらに，Cyt c oxi の活性中心の構造に

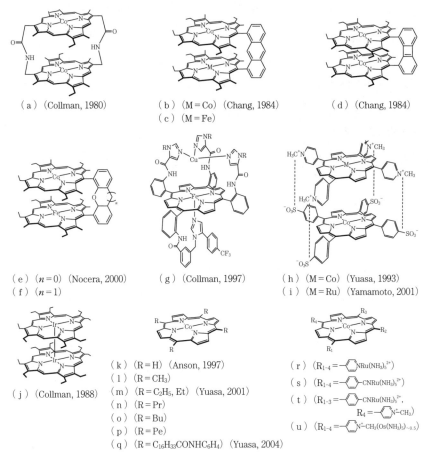

（a）（Collman, 1980）

（b）（M = Co）（Chang, 1984）
（c）（M = Fe）

（d）（Chang, 1984）

（e）（*n* = 0）（Nocera, 2000）
（f）（*n* = 1）

（g）（Collman, 1997）

（h）（M = Co）（Yuasa, 1993）
（i）（M = Ru）（Yamamoto, 2001）

（j）（Collman, 1988）

（k）（R = H）（Anson, 1997）
（l）（R = CH$_3$）
（m）（R = C$_2$H$_5$, Et）（Yuasa, 2001）
（n）（R = Pr）
（o）（R = Bu）
（p）（R = Pe）
（q）（R = C$_{16}$H$_{33}$CONHC$_6$H$_4$）（Yuasa, 2004）

（r）（R$_{1-4}$ = —$\langle$$\rangle$—NRu(NH$_3$)$_5$$^{2+}$）
（s）（R$_{1-4}$ = —$\langle$$\rangle$—CNRu(NH$_3$)$_5$$^{2+}$）
（t）（R$_{1-3}$ = —$\langle$$\rangle$—CNRu(NH$_3$)$_5$$^{2+}$,
　　　R$_4$ = —$\langle$$\rangle$—N$^+$−CH$_3$）
（u）（R$_{1-4}$ = —$\langle$$\rangle$—N$^+$−CH$_3$(Os(NH$_3$)$_5$)$_{\sim 0.5}$）

図 4.4 Cyt c oxi バイオインスパイアード材料としての酸素還元反応（ORR）の電極触媒の一例[1]

　着眼した錯体（図（g））は生理条件下に近い環境で O$_2$ の 4 電子還元触媒として働くことを明らかにしている。

　しかしながら，これらの二量体のポルフィリン錯体がいずれも多段の合成過程を要し，合成が複雑であることに対し，O$_2$ の架橋配位に適した対面型の二量体が自発的に形成される例として，メソ位に 4 個のイオン性置換基が導入された金属ポルフィリン錯体が反対電荷の類似錯体と 4 点結合して与えるイオン

コンプレックスである化合物（図（h）（i））も検討されている。

　分子状酸素（O_2）の電気化学的な還元での有効な触媒系を得るために，下記の ① ～ ④ に示すような各種のイオン性結合による多量体のコバルトポルフィリン（イオン性多量化コバルトポルフィリン）について検討している。これらのコバルト錯体は，二，四，六量体よりなる多分散の多量化コバルトポルフィリン錯体系である。

　① イオン結合性の強いカチオン性基＋イオン結合性の強いアニオン性基

　② イオン結合性の強いカチオン性基＋イオン結合性の弱いアニオン性基

　③ イオン結合性の弱いカチオン性基＋イオン結合性の強いアニオン性基

　④ イオン結合性の弱いカチオン性基＋イオン結合性の弱いアニオン性基

　特に，コバルト (II){5, 10, 15, 20-テトラキス（N-メチル-4'-ピリジル）ポリフィリン} とコバルト (II){5, 10, 15, 20-テトラキス（4'-カルボキシフェニル）ポリフィリン} の多量化コバルトポルフィリン錯体における酸素還元の特性が高く，4 電子還元に基づく水生成の最大割合は約 50％ となり，イオン結合性二量化鉄ポルフィリン錯体触媒系のそれを上回った。この反応の見かけの電子数 n_{app} および速度定数 k はそれぞれ 2.8～3.4 および 10^3～10^5 $M^{-1}s^{-1}$ となった。この錯体系の構造と触媒能の相関間において，k 値は多量化コバルトポルフィリン錯体での二つのポルフィリン環の距離よりもポルフィリン環の運動性（すなわち，配位構造変化のしやすさ）に影響された．有効な触媒系は各種多量化コバルトポルフィリン錯体の中で C3/A1（トリメチルピリジル系／カルボン酸フェニル系）および C2/A2（メチルピリジル系／スルホン酸フェニル系）系であった。いずれにせよ，多量化コバルトポルフィリン系においては，適度な二つのポルフィリン間の距離（3.5 ～ 4.5Å）とポルフィリン環の運動性が保持されれば，有効な触媒系になると考えられる。

　特に，多量化コバルトポルフィリン錯体の酸素還元特性を関するより詳細な検討として多量化制御と酸素還元触媒活性の関係を求めたところ，より多重度かつ短分散に近いものほど，O_2 の 4 電子還元が促進されることが明らかとなった。さらに，多量コバルトポルフィリン／高分子配位子系（**図 4.5**）において

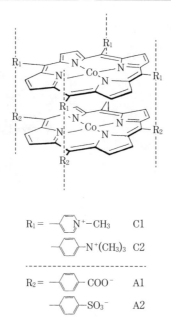

$R_1 =$ ──⟨N⟩──N$^+$–CH$_3$　　C1

──⟨⟩──N$^+$(CH$_3$)$_3$　　C2

- -

$R_2 =$ ──⟨⟩──COO$^-$　　A1

──⟨⟩──SO$_3$$^-$　　A2

図 4.5　多量コバルトポルフィリン／高分子配位子系（高分子錯体系）[108]

は，O$_2$ の 4 電子還元のためのポルフィリン対面構造が保持されている[108]。水の生成割合は，最大で 56％，反応電子数 *n* は 3 程度であり，O$_2$ の 2 および 4 電子還元の両反応が生じている。流動，作動条件での電極触媒系の修飾（吸着）安定性より，本表面修飾電極は，低分子系の表面修飾電極に比べ，電極触媒系の修飾（吸着）安定性の向上が見られる。以上より，多量化コバルトポルフィリン／高分子配位子系（高分子錯体系）を修飾した電極は，電極触媒関連の機能材料としての可能性を示唆している。

　共有結合型二量化コバルトポルフィリン（正式名称：1, 2-ビス［コバルト [5-{10, 15, 20-トリス（フェニル）} ポルフィリニル]] ベンゼン (di(CoP))）／ポリビニルピリジン系（**図 4.6**）より成る高分子錯体の修飾系の触媒活性（H$_2$O％）および反応電子数 *n* は約 75％および 3.5 と高い触媒活性が得られている[109]。

　この高い触媒活性能に関する考察について拡張分子力学法 2（AMM2：augmented molecular mechanics2）を用いた計算化学的解析より行ったところ，

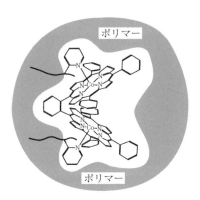

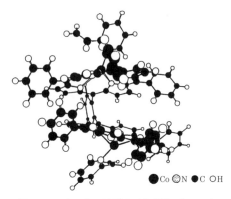

●Co ◎N ●C ○H

図4.6　共有結合型二量化コバルトポル
フィリン（正式名称：1, 2-ビス［コバル
ト［5-{10, 15, 20-トリス（フェニル）}ポ
ルフィリニル］］ベンゼン (di(CoP)))／
ポリビニルピリジン系[106]

図4.7　di(CoP) の拡張分子力学法2（AMM2)
を用いた計算化学的解析[106]

二量子化金属ポルフィリン／配位子系は二つのポルフィリン面が対面し，かつ，二量子化金属ポルフィリン系に比べポルフィリン面～ポルフィリン面間の距離（ポルフィリンの中心金属イオン間の距離）が約 1.9Å ほど大きくなってポルフィリン面間への酸素分子配位が促進される（**図4.7**）と考えられる[106]。

　この二量体の触媒活性能を向上させる方法の一つとして，メソ位の置換基がフェニル基ではなく，立体障害性が高いトリメチルフェニル基を用いたところ（正式名称：1, 2-ビス［コバルト 5-{10, 15, 20-トリス (2, 4, 6-トリメチルフェニル)} ポルフィr リニル]] ベンゼン (di(CoMeP)，**図4.8**)[116]，本錯体の修飾系の触媒活性（H_2O%）および反応電子数 n は約84％および3.7と単量体系（H_2O%および n は15％および2.5）および上記の di(CoP) よりも，さらに高い触媒活性が得られている。

　上記の単量体系および二量体系よりも高い触媒活性を得る検討として，共有結合型三量化コバルトポルフィリン（コバルト [{5, 15-ビス {α, β-2-(5, 10, 15-トリス（フェニルポルフィリニル）フェニル}-10.20-ジフェニル} ポルフィリン] (tri(CoMeP)) およびコバルト [{5, 15-ビス {α, β-2-(5, 10, 15-トリス (2, 4, 6-トリメチルフェニル) ポルフィリニル) フェニル}-10.20-ジフェニル} ポルフィリン]

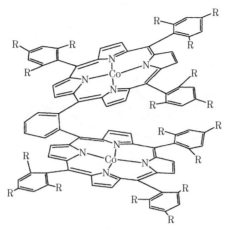

図4.8　1, 2-ビス[コバルト[5-{10, 15, 20-トリス(2, 4, 6-トリメ
チルフェニル)}ポルフィrリニル]]ベンゼン(di(CoMeP))[119]

(tri(CoP)))(**図4.9**)／ポリビニルピリジン系よりなる高分子錯体の修飾系を
検討したところ[111]，特に，tri(CoMeP)／ポリビニルピリジン系において，H_2O
％およびnは83〜85％および3.9となり，さらにO_2の4電子還元が向上して
いる。

　つぎに，Collmanらが二量化Ir錯体系の検討し，金属間で直接結合した二量
化ポルフィリン錯体であり，興味深い結果が報告されている（図4.4（j））。
さらに，Ansonらがコバルトポルフィイリン錯体に四つのルテニウム錯体，あ
るいは，オスミウム錯体を付与させた錯体系（図（r）〜（u））においても効
果的なO_2の4電子還元が生じている。このAnsonらの考え方は，錯体周囲の
多数の部位から中心金属に向けて電子を送り込むと，電子数が掛け算されるよ
うに中心金属から多数の電子を一度に取り出せるものと考えられる。このよう
な発想からO_2の4電子還元系の構築において具体化されたのである。すなわ
ち，コバルトポルフィリンのメソ位にルテニウム（Ru）やオスミウム（Os）
のアミン錯体が結合すると，電子供給母体となって中心部に電子を押し込むた
めにO_2の4電子還元の選択度が高くなり，活性点への電子の供給はルテニウ
ムやオスミウムからポルフィリン環のメソ位配位子への逆供与に基づくことが

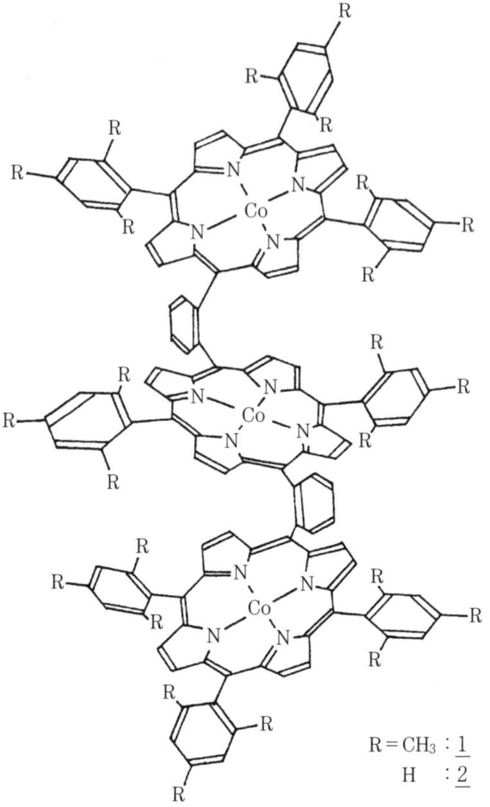

R=CH₃ : <u>1</u>
H　 : <u>2</u>

図 4.9　共有結合型三量化コバルトポルフィリン（コ
バルト [{5, 15-ビス {α, β-2-(5, 10, 15-トリス（フェニ
ルポルフィリニル）フェニル}-10.20-ジフェニル} ポ
ルフィリン](tri(CoMeP)) およびコバルト [{5, 15-ビ
ス {α, β-2-(5, 10, 15-トリス（2, 4, 6-トリメチルフェニ
ル）ポルフィリニル）フェニル}-10.20- ジフェニル}
ポルフィリン](tri(CoP)))[111]

明らかにされている。

　また，Anson，Yuasa らが検討しているメソ位に H，CH₃，C₂H₅ などのアル
キル基を付けたものも電極上で効率よく対面構造を形成するので，O₂ の 4 電
子還元が効率よく生起している[10, 11, 108]。その一例として，図 2.7 に示した[11] コ
バルトポルフィリン錯体のアルキル鎖が

・エチル基 (Et: $-CH_2CH_3$, 図 4.4 (m)) のもの

・プロピル基 (Pr: $-CH_2CH_2CH_3$, 図 4.4 (n)) のもの

・ブチル基 (Bu: $-CH_2CH_2CH_3$, 図 4.4 (o)) のもの

・ペンチル基 (Pe: $-CH_2CH_2CH_2CH_3$, 図 (p)) のもの

の比較をした内容を図 4.10 (CV), 図 4.11 (RDE) および図 4.12 (レビッチ (Levich) およびクーテキー・レビッチ (Koutecky-Levich) プロット) を示す[11]。

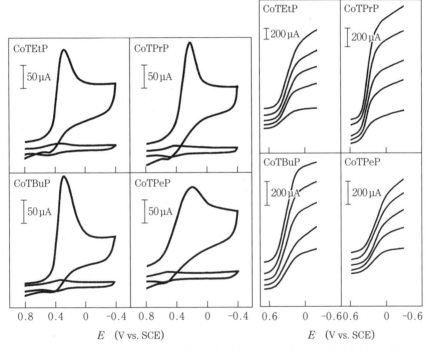

図 4.10 エチル基 (Et, 図 4.4 (m)), プロピル基 (Pr, 図 4.4 (n)), ブチル基 (Bu, 図 4.4 (o)) およびペンチル基 (Pe, 図 4.4 (p)) を有するコバルトポルフィリン錯体の CV データ[11]

図 4.11 エチル基 (Et, 図 4.4 (m)), プロピル基 (Pr, 図 4.4 (n)), ブチル基 (Bu, 図 4.4 (o)) およびペンチル基 (Pe, 図 4.4 (p)) を有するコバルトポルフィリン錯体の RDE データ[11]

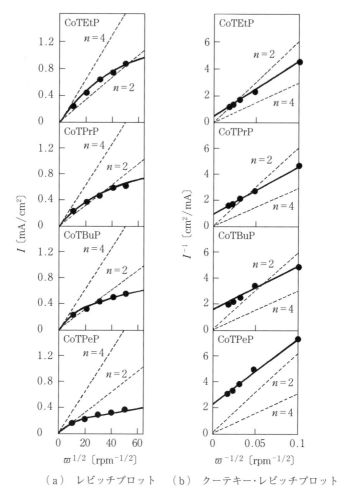

（ａ）レビッチプロット （ｂ）クーテキー・レビッチプロット

図4.12 エチル基（Et，図4.4（m）），プロピル基（Pr，図4.4（n）），ブチル基（Bu，図4.4（o））およびペンチル基（Pe，図4.4（p））を有するコバルトポルフィリン錯体のレビッチおよびクーテキー・レビッチプロット[11]

　これらの結果と他の文献のデータ（プロトン（H，文献10））とメチル（CH3，文献108））をまとめて示すと**表4.1**（$E_{1/2}$ および n）[11] となる。これらのように金属ポルフィリン錯体が一定の距離を保って配列した構造はエッジ面グラファイト電極に吸着したコバルトポルフィリンの単核錯体でも見出されている。す

表 4.1　-H, メチル, エチル基（Et, 図 4.4（m）), プロピル基（Pr, 図 4.4（n）), ブチル基（Bu, 図 4.4（o）) およびペンチル基（Pe, 図 4.4（p）) を有するコバルトポルフィリン錯体の $E_{1/2}$ 値および n 値の比較（酸素還元評価の比較）[10, 11, 108]

コバルトポルフィリン	$E_{1/2}$[*1][V vs. SCE]	n[*2]
CoP	0.51	3.8
CoTMep	0.40	3.3
CoTEtP	0.34	3.2
CoTPrP	0.32	3.4
CotBup	0.34	3.7
CotPeP	0.24	2.7

*1　空気で飽和させた 1M の $HClO_4$ 中で 100 rpm の速度で自転するポルフィリンで被膜された回転ディス電極（RDE）における酸素還元の半波ポテンシャル

*2　図 4.12（b）のようなプロットの傾きから見積った酸素還元において消費される電子数

なわち, O_2 の 4 電子還元はメソ位が水素基からブチル基までで, それ以上長い場合は, 立体障害の関係で「M-O-O-M」構造を形成できるような対面的な構造を形成できないのである。

4.3.2　これまでの図のまとめ

さらに, 湯浅（Yuasa）らは立体障害の影響を受けず, 構造的に安定な集合体構造を構築する試みとして, コバルトポルフィリン錯体に長鎖アルキル基を付けることにより, アルコール中で自己集合して形成する逆ミセルをそのまま電極上に転写し, 効果的な O_2 の 4 電子還元触媒として応用した（図 4.4（q））[12]。

このコバルトポルフィリン錯体系の静的光散乱による構造解析の結果を**図 4.13** に, それから得られる構造図を**図 4.14** に, および 4 電子還元の決め手となる電気化学測定の結果を**図 4.15** にそれぞれ示す[12]。

ポルフィリン環の規則的な配列構造は多くの分子集合体や超分子にも見られるが, このメソ位に長鎖アルキルアミドフェニル基を有するコバルトポルフィリン錯体がアルコール中で自己集合して形成する逆ミセルは電極触媒に応用さ

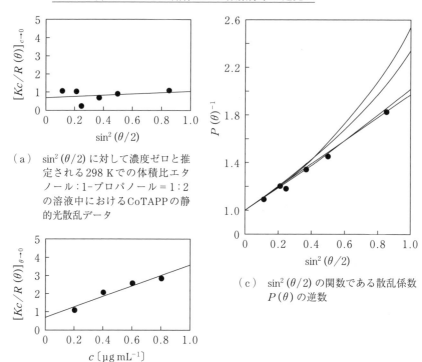

（a）$\sin^2(\theta/2)$ に対して濃度ゼロと推定される 298 K での体積比エタノール：1-プロパノール = 1 : 2 の溶液中における CoTAPP の静的光散乱データ

（b）濃度 c の関数として角度ゼロと推定される静的光散乱データ

（c）$\sin^2(\theta/2)$ の関数である散乱係数 $P(\theta)$ の逆数

図 4.13 静的光散乱による構造解析の結果[12]

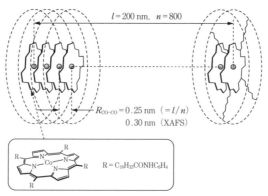

図 4.14 長鎖アルキル基を有する Co ポルフィリン錯体の集合構造（アルコール中での逆ミセル構造）[12]

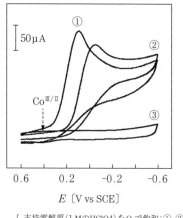

支持電解質（1 MのHClO4）をO2で飽和：①, ②
支持電解質（1 MのHClO4）をArで飽和：③
元の溶液を転写してCoTAPPを電極表面に
堆積させた：②
元の溶液に6時間超音波を照射して調製し
たミセル溶液からCoTAPPを電極表面に堆
積させた：①, ③

（a） 酸素還元のサイクリックボルタンメト
リー（CV）

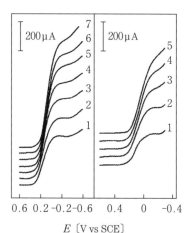

E〔V vs SCE〕

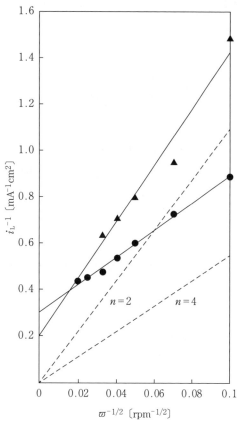

●：図（a）の②, ▲：図（a）の③, 破線：計算値
（c） クーテキー・レビッチプロット

（b） 左：1～7は, 図（a）の①の曲線を計測する　右：1～5は, 図（a）の②の曲線を計測する際の
際のRDEの回転速度がそれぞれ100,　　　RDEの回転速度がそれぞれ100, 200, 400,
200, 400, 600, 900, 1600, 2500 rpmの　　600, 900のもの
もの

図4.15　Coポルフィリン錯体 20 の電気化学測定結果（CV, RDE, クーテキー・レビッチ
プロット）[12]

れた唯一の例である。静的光散乱実験から得られる粒子散乱因子は，粒子径が
長さ約 200 nm の剛体棒であることを示し，EXAFS スペクトルから求められた
Co 原子間距離（0.3 nm）と併せ，平均会合数 800 のナノロッドであることが
明らかになっている。長鎖アルキル基を外側に向け，アミド基間の相互作用に
より，ポルフィリン環が向かい合って一列に並んだ集合構造をとっているもの
と考えられる。

　さらに，より高い機能を目指すために，O_2 の 4 電子還元の活性点が高分子化
した化合物についての検討を加えた。図 4.16 に示すような高分子化金属ポル
フィリン錯体（PMP, M = Co, Fe）について検討したところ[110, 115]，エッジ面
パイロリティックグラファイト（EPG：edge-plane pyrolytic graphite）に修飾
した P(CoP) においては，$n = 2.7$ とあまり効果はなかったが，これに鉄ポル
フィリン錯体を複合した P(CoP)/FeP においては非常に優れた O_2 の 4 電子還

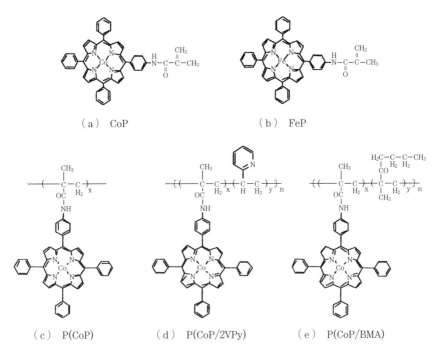

（a）CoP　　　　　　　　　　（b）FeP

（c）P(CoP)　　　（d）P(CoP/2VPy)　　　（e）P(CoP/BMA)

図 4.16 高分子化金属ポルフィリンとその単量体[113, 118]

元能（$n=3.9$）が得られた。なお、電極素地がベーサル面パイロリティックグラファイト（BPG：basal-plane pyrolytic graphite）に比べて EPG のほうが優れた O_2 の 4 電子還元特性を示した。このことを参考にして、1 種類の同じ反応点では優れた結果を得られなかったので、コバルトおよび鉄ポルフィリン錯体を含む高分子化錯体、すなわち、Fe/Co-P を合成し、それを 2 種類の重合方法（**電解重合**（**EP**：electrolytic polymerization）および**熱重合**（**TP**：thermal polymerization））で高分子化したものを作製し、その EPG 修飾電極で検討した。それより、P(Co/Fe-P)-EP および P(Co/Fe-P)-TP の n を RRDE 法および RDE 法の両法より求めたところ、P(Co/Fe-P)-EP および P(Co/Fe-P)-TP の n は、3.3 (RRDE) および 3.4 (RDE) となり、優れた性能を示している。特に、EP に比べ TP のほうが性能が高いのは、EP においては 2 次元的な反応進行だが、TP においては 3 次元的な反応進行となるので、自由度が高く有効な活性点（M-O-O-M, M：金属イオン，O-O：酸素分子）を多く形成しやすいためだと考えられる。

つぎに、同じ高分子化金属ポルフィリン錯体系でも、活性点自体を単量体として方がより有効であると考え、酸化重合性基（チオール，ピロールなど）ポルフィリン錯体を合成し、これによる錯体膜を作るほうがより有効と考え、金属チエニルトリアルキルポルフィリン錯体について検討している。すなわち、単量体としてコバルト（チエニルトリアルキル）ポルフィリン錯体（CoThTAIP）

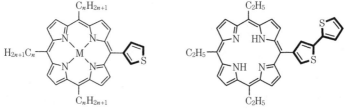

（a）コバルト（チエニルトリアルキル）　　　　（b）分子軌道計算に用いた
　　　ポルフィリン（CoThTAIP）錯体　　　　　　　モデル化合物

図 4.17　コバルト（チエニルトリアルキル）ポルフィリン（CoThTAIP）錯体および分子軌道計算に用いたモデル化合物[127,131]）

および分子軌道計算に用いたモデル化合物（**図4.17**）である[131]。

　この単量体の合成スキームは**図4.18**に示すような従来からのポルフィリン
の合成法であり[127,131]，作製した単量体の溶液をカーボンブラックなどの炭素粒
子を含む溶液上で電解重合して，炭素粒子上にその活性点の高分子膜を作製した。

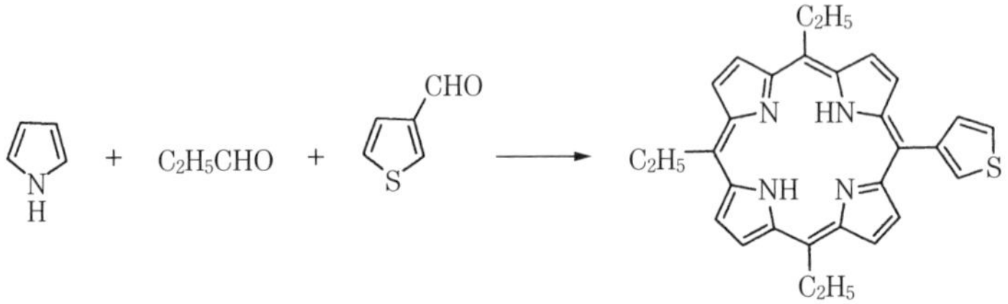

図4.18　金属チエニルトリアルキルポルフィリン錯体の合成スキーム[127,131]

　しかしながら，この重合を普通に行えば有効な膜が得られないので，せん断
応力の係る特殊なかくはん機を使用した流動床電解重合を行った。これによ
り，**図4.19**（a）のような構造の高分子錯体系を炭素粒子に形成できる[133]（図
（b））。なお，ポルフィリンとポリチオフェンの複合系は，チオフェンの電解
重合膜にポルフィリンを分散させた系や，アルキル鎖を介して両者を結合させ
た例があるのみで，全共役系ポリマーの報告例は少ない。メソ位の一つだけが
チエニル基で置換されたポルフィリンをモノマーとして用いると，直鎖ペンダ
ント型の高分子錯体が得られると考えられる。これは従来にないπ共役系ポリ
マーで，剛直な主鎖によるポルフィリン環の分子内配向，主鎖を介した電子伝
達による金属ポルフィリン部位のレドックス活性の向上，ポルフィリン環の整
列による酸素分子架橋席の形成などが期待できる。また，共役ポリマーがマト
リックスとなって触媒層の機械的強度が高められるため，実用上も有利と考え
られる。すなわち，単量体（モノマー）としてポルフィリン環メソ位の一つに
3-チエニル基が直結し，残り3個のメソ位がアルキル基で置換されたポルフィ
リン錯体を用いて，チエニル基が2，5位で連結した長鎖π共役系を形成させ
ると，O_2の架橋配位席を有すると同時に導電性も期待できる新たな触媒材料
となるのである。

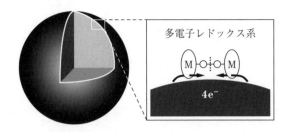

（a） 錯体系カソード触媒の設計（カーボンブラックなどの
炭素粒子表面における活性点の構築）

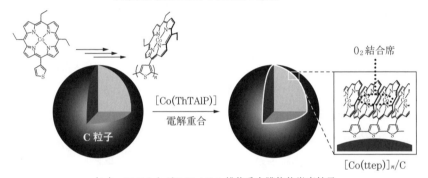

（b） コバルトポルフィリン錯体重合膜修飾炭素粒子

図 4.19 炭素粒子に形成できる高分子錯体系の構造[127, 131]

また，前述したように電解重合して得られるポリマーの類似分子として，チオフェン環の 5 位にチエニル基が結合した化合物[129, 127]（図 4.17）を繰り返し単位とする長鎖 π 共役系モデルを周期境界条件により構築してバンド構造を求めたところ，無置換ポリチオフェンと同等のバンドギャップ（$E_g = 2\ \mathrm{eV}$）を有し，隣接するポルフィリンの面間隔距離が O_2 の配位架橋による μ-パーオキソ錯体[133]（図 4.19）の形成に適していることなどが明らかになった。これは，対面結合型の多量化ポルフィリン錯体が導電性ポリマーの主鎖にペンダント型に結合した構造と見做すことができる。

高分子（ポリマー）の構造規則性は，ポルフィリン環によって隣接チオフェン環の結合方向が規制することに由来する三量体モデル（HT-HT，HH-TH および HH-TT 三連子，H：ヘッド，T：テール）の生成熱の計算予測から，HH-TH 型の結合が顕著に不安定化することがわかった。β 位置換チオフェンの重合で

は，チオフェン環の定序性制御により β 位置換基が整列する。重合に伴いポルフィリン環由来のソーレー帯（B 帯）が長波長シフトすることにより，ポルフィリン環同士の共面配列し，O_2 の架橋配位に適した構造となっていることが確認された[126]。

電解質溶液に分散させた炭素粒子を作用極とする電解法（流動電極電解法）を用いて，炭素粒子上に CoThTAIP の電解重合膜を形成させる方法について検討した。このような方法で得られる触媒を $[CoThTAIP]_n / C$ 触媒と略称する。高分子錯体 $[CoThTAIP]_n$ を EP により炭素粒子状に担持するため，比表面積の大きい炭素粒子（カーボンブラック，BET 比表面積＝約 $800 \, m^2/g$）を分散させた溶液に CoThTAIP および支持電解質を添加した後，参照電極および対極（ともに Pt 線）を設置し，電解液を激しく攪拌しながら（攪拌機は特殊なせん断応力型の攪拌機を使用）作用極に一定電位を印加した（この電解重合をせん断応力下電解重合⇒流動床電解重合と呼ぶ）。このようなせん断応力下電解重合により，分散した炭素粒子が Pt 線に接触した際に作用極として働き，粒子上に重合膜が効率よく形成されることを明確にした。作用極として挿入した Pt 線上でも電解重合が進行するが，生成する重合膜が導電性であるため，引き続き接触粒子に対する電極として働くことがわかった。$E_{P=0.48} \, V$ vs. SCE に酸素還元に基づく還元ピークが観測された[127]（図 4.20）。この値は $[CoThTAIP]_n$

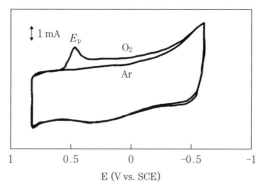

図 4.20　$[CoThTAIP]_n / C$ による Ar および O_2 雰囲気下における CV 曲線（掃引速度 $v = 100 \, mV/s$）[127]

重合膜をグラッシーカーボン電極上に直接形成させた場合より著しく高く，炭素粒子への担持により高い活性が発現することが明らかとなった。

また，回転ディスク電極測定において，回転ディスク電極において $E_{1/2}(O_2)$ ＝0.57 V vs. SCE（＝0.81 V vs. NHE）に達することより，2電子還元電位を超えた貴な電位領域で酸素還元が進行することが明確になった[127]（**図 4.21**）。

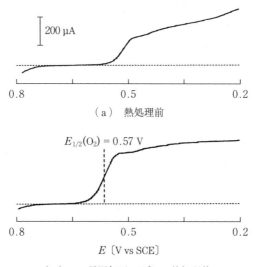

（a） 熱処理前

$E_{1/2}(O_2) = 0.57$ V

E〔V vs SCE〕

（b） Ar 雰囲気下 500℃ で熱処理後

図 4.21 回転ディスク電極（回転速度＝100 rpm）を用いた [CoThTAlP]$_n$/C 触媒の酸素還元活性[127]

この測定により得られる拡散限界電流 i_L をクーテキー・レビッチプロット（i_L^{-1} vs. $\omega^{-1/2}$）により解析したところ，高い4電子反応選択度（反応電子数 n ＝3.8，**表 4.2**）が達成さており[127]，規則性の高いポリマー構造が酸素還元に必要な触媒活性中心と電子移動経路を提供していることが示された（図 4.19）。さらに，不活性ガス雰囲気下で触媒を熱処理を行うと E_p＝0.51 V vs. SCE まで活性が向上し，このとき，触媒活性は電解重合や熱処理の条件によっても変化し[133]，これらを最適化して炭素粒子に [CoThTAlP]$_n$ の重合膜を均質に薄く形成させて抵抗分極を抑えれば，さらなる活性向上が期待できる。一般的に，錯体系触媒の性能は，MEA を作製して I-V 曲線により評価するべきであるが，回転

表 4.2   [CoThTAlP]$_n$／C 修飾電極による酸素還元[127]

触　媒	担体[*1]	重合時間〔min〕	熱処理温度〔℃〕[*2]	E_p〔V vs SCE〕	I_p〔mA／cm^2〕	n〔−〕
[CoThTAlP]$_n$	なし[*3]	−	−	0.38	1.5	
	炭素粒子	30	−	0.42	2.5	3.6
		90	−	0.48	3.2	3.8
		30	500	0.45	2.7	3.7
		90	500	0.51	2.9	3.8

＊1　カーボンブラック
＊2　Ar 雰囲気下で 2 時間
＊3　グラッシーカーボン電極上に直接電解重合

ディスク電極における酸素還元の半波電位（$E_{1/2}(O_2)$）を比較する方法が有用であると考える。

なお，燃料電池の理論起電力は O_2 が最初に電子を受け取る電位で決まるので，このような方法で多くの錯体触媒の性能を簡単に比較できる。低回転数（微小電極）域での $E_{1/2}(O_2)$ を用いて，抵抗分極の小さい条件下で錯体系触媒の作動電位を系統的に比較したところ，従来報告された錯体触媒のほとんどが 2 電子還元触媒として作動しており，4 電子還元触媒として働くものは少なく，耐久性などの検討も十分になされていない。それに対し，得られた錯体（熱処理を行った [CoThTAlP]$_n$／C 触媒）は，錯体触媒としては高い活性を（$E_{1/2}(O_2)$ ＝ 0.57 V vs. SCE（＝0.81 V vs. NHE））を有しており，4 電子還元が選択的に生起する電位領域で作動する触媒であることが明らかになった（表 4.2）[133]。このように，電解重合性ポルフィリンがポリチオフェン類似の導電性高分子膜をすること，重合に際してポルフィリン環の立体効果により HT-HT 規則性が発現すること，分子内で配向したポルフィリン環により O_2 の架橋配位席が形成されることなどが解明された。さらに，従来の錯体触媒の多くが炭素粒子との複合化を念頭においたものではなく，錯体自体の触媒活性のみ注目されていたのに対し，本研究成果は炭素粒子上に直接活性点を構築する方法を提供するものである。この方法で得られた [CoThTAlP]$_n$／C 触媒は，従来報告された錯体系触媒と比較して高い酸素還元活性を示し，熱処理により安定度も期待できるも

のとなっている。

4.3.3　電極触媒を視野に入れた検討：熱処理による CoPor/C および CoPPy/C 系の応用展開

一般に，実際の電極触媒の一般的な要件は

① 目的とする反応に対する触媒活性が高いこと

② 電気伝導性を有し，かつ，高いこと

③ 被毒を受けにくいこと

④ 腐食など，劣化しにくいこと

⑤ 安価であること

などである。

　酸素還元能力は，コバルトテトラエチルポルフィリン（CoTEtP）担持カーボン触媒において，担持量 5.9wt% では**サイクリックボルタンメトリー（CV）**による酸素還元ピーク E_p は 0.40 V vs. SCE となった。さらに，**回転ディスク電極（RDE）測定**からのクーテキー・レビッチプロット解析において，O_2 の 4

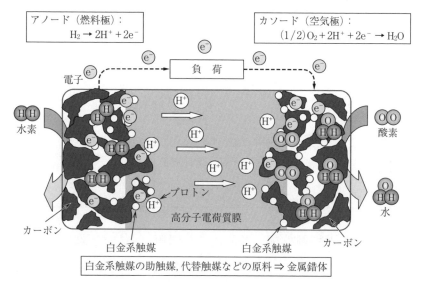

図 4.22　固体高分子形燃料電池（PEFC）系[41, 131]

電子還元指標の n は 3.7 となった。しかしながら，このような Cyt c oxi モデル化合物を直接的に固体高分子型燃料電池（PEFC，**図 4.22**）系[137, 138] の電極触媒に用いるには，上記の ① ～ ⑤ の要件を考慮することが難しいため，新たな材料の検討が必要である。すなわち，Pt 系に比べて Cyc c oxi モデル系は多くの問題を考慮する必要がある。特に，実際の PEFC 系燃料電池の電極触媒に使用するためには，作動安定性に欠けるのである。そこで，コバルトポルフィリン担持カーボン（CoPor/C）系を熱処理（HT）する必要があった。その調製方法をつぎに述べる。特に，ここでは有効であった CoTEtP および前述の [Co(ttep)]$_n$ を中心に述べることにする。

　触媒活性はカーボン上への触媒担持（抗せん断応力型攪拌装置による担持），電解重合，熱処理などの条件によっても変化し，これらを最適化して炭素粒子に CoTEtP の集合体，[Co(TTEP)]$_n$ の重合膜などを均質に薄く形成させて抵抗分極を抑えれば，さらなる活性向上が期待できる。一般的に，錯体系触媒の性能は，MEA を作製して I-V 曲線により評価するべきである（**図 4.23**）が[138]，特に本研究の場合，回転ディスク電極における酸素還元の半波電位（$E_{1/2}(O_2)$）を比較する方法が有用である。

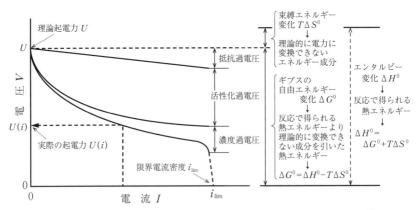

図 4.23 燃料電池の電流 − 電圧特性（放電特性）とエネルギーの関係[138]

　燃料電池の理論起電力は O_2 が最初に電子を受け取る電位で決まるので，このような方法で多くの錯体触媒の性能を簡単に比較できる。低回転数（微小電

極）域での $E_{1/2}(O_2)$ を用いて，抵抗分極の小さい条件下で錯体系触媒の作動電位を系統的に比較したところ，従来報告された錯体触媒のほとんどが 2 電子還元触媒として作動しており，4 電子還元触媒として働くものは少なく，耐久性などの検討も十分になされていないのが現状である。ここで，得られた錯体（熱処理を行った $[Co(TTEP)]_n$／C 触媒）は，錯体触媒としては高い活性を（$E_{1/2}(O_2)=0.57\,V$ vs. SCE（$=0.81\,V$ vs. NHE））を有しており，4 電子還元が選択的に生起する電位領域で作動する触媒であることが明らかになった。このように，電解重合性ポルフィリンがポリチオフェン類似の導電性高分子膜をすること，重合に際してポルフィリン環の立体効果により HT-HT 規則性が発現すること，分子内で配向したポルフィリン環により O_2 の架橋配位席が形成されることなどが解明された。さらに，従来の錯体触媒の多くが炭素粒子との複合化を念頭においたものではなく，錯体自体の触媒活性のみ注目されていたのに対し，本研究成果は炭素粒子上に直接活性点を構築する方法を提供するものである。それも白金担持カーボン粒子に比べて，より薄く単分子〜数分子層レベルで触媒層が構築している[41, 124, 131]（**表 4.3**）。この方法で得られた CoTEtP／C, $[Co(TTEP)]_n$／C などの触媒は，従来報告された錯体系触媒と比較して高い酸素還元活性を示し，熱処理により安定度も期待できるものとなっている。

表 4.3 理想的なカーボン 1 粒子における担持触媒の比較[47, 119, 131]

	白金（Pt）系	有機金属化合物系
触媒の種類	Pt，Pt 系合金など	Co などの有機金属化合物
活性点	Pt 系ナノ粒子	単一の金属イオン・原子
金属原子の利用率	低い	高い
カソードでの過電圧の要因	① 触媒の活性化に基づくもの ② 触媒自体の抵抗に基づくもの ③ O_2 供給量に基づくもの	①＋②＋③＋ ④ 有機金属化合物の酸化還元電位に基づくもの

CoPor／C-熱処理系について説明する。溶媒に炭素粒子を分散させた後，CoPor（この場合，溶媒に溶解しやすい，低分子の COTETP を用いて検討）を溶解し，特別な撹拌装置である抗せん断応力型撹拌装置で撹拌し，未担持

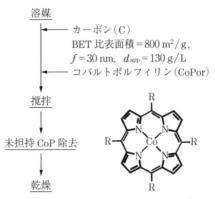

図 4.24 コバルトポルフィリン担持カーボン（CoPor/C）の作製法[137,138]

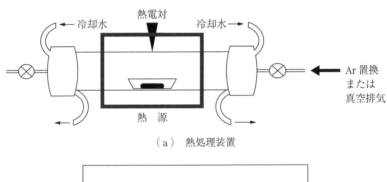

（a） 熱処理装置

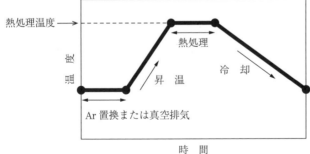

（b） 熱処理（HT）の温度プログラム

図 4.25 熱処理したコバルトポルフィリン担持カーボン（HT-CoPor/C）の作製法[138]

CoPor/C 粒子を除去後，乾燥を施し[41,131]（**図4.24**），Ar 雰囲気あるいは真空環境において一定のプログラムの熱処理（HT，**図4.25**）を施すのである[41,131]。

　この場合，処理温度も重要で，0〜1 000 ℃の熱処理において，600℃の熱処理が効果的であった（RDE 測定からのクーテキー-レビッチプロット解析より O_2 の 4 電子還元指標 $n \fallingdotseq 3.8 \sim 4.0$，**図4.26**，**表4.4**[41,130,131,136,137]）。

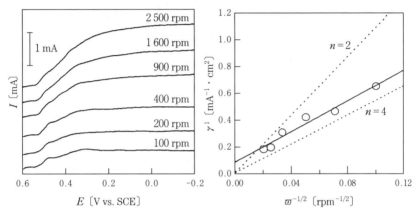

（a）　RDE 測定（電極回転数が異なる曲線で，順に 100, 200, 400, 900, 1600 および 2500 rpm）

（b）　RDE 測定結果からのクーテキー – レビッチ（Koutecky-Levich）プロット（点線は 2 および 4 電子還元の計算値）

図4.26　HT-CoPor/C の酸素還元：HT-CoTEtP を例に[41,130,131]

　また，この HT-CoPor/C の表面構造は，K-edge 広域 X 線吸収微細構造（EXAFS）測定から解析しており，明らかとなっている[41]。図2.35 は，HT-CoPor/C の K-edge EXAFS 測定からの $\kappa^3\chi(\kappa)$ フーリエ変換曲線（測定値および計算値）とそれらのカーブフィッティングを示している。この解析結果である構造パラメータを算出すると，コバルト-窒素配位数 N_{Co-N} は 4 およびコバルトコバルト間距離 R_{Co-Co} は 0.297 ± 0.002 nm となり，CoPor に由来する 1 個のコバルトイオンがドナー原子としての 4 個の窒素に配位した構造（Co-N_4 構造）の活性点を保ちつつ，μ-パーオキソ様構造の条件を満たすことが明らかとなっている。すなわち，熱処理によって配位子であるポルフィリン環のピロール骨

表 4.4 CoPor／C 系の酸素還元触媒活性[41,131]

（a）　非熱処理

CoP	Co 導入量 〔wt%〕	E_p^{*1} 〔V vs SCE〕	n^{*2} 〔－〕	略号
CoTBuP	1.7	0.27	2.4	Ads I -1.7-CoTBuP
CoTBuP	4.7	0.31	3.1	Ads I -4.7-CoTBuP
CoTEtP	2.0	0.38	3.2	Ads I -2.0-CoTEtP
CoTEtP	5.9	0.40	3.7	Ads I -5.9-CoTEtP

（b）　熱処理（HT）

CoP	Co 導入量 〔wt%〕	E_p^{*1} 〔V vs SCE〕	n^{*2} 〔－〕	略号
CoTBuP	1.7	0.34	3.5	Ads II -1.7-CoTBuP
CoTBuP	5.6	0.36	3.8	Ads II -5.6-CoTBuP
CoTEtP	1.9	0.39	3.7	Ads II -1.9-CoTEtP
CoTEtP	4.5	0.47	3.8	Ads II -4.5-CoTEtP

＊1　CV における酸素還元のピーク電位
＊2　クーテキー・レビッチプロットの傾きから求めた酸素還元の反応電子数

格が炭素粒子と一体化して「Co-N$_4$ 構造」を電極上により強固に，かつ，より緻密に形成するので，O$_2$ の 4 電子還元が安定かつ連続的に進行するものと考えられる[137]（**図 4.27**）。

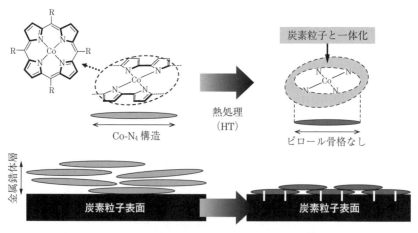

図 4.27　熱処理による触媒活性点の高密度化[131]

　このようなことを裏付けるために，さらに，より簡単な分子を用いて，触媒活性を引き出すために，すなわち，μ-パーオキソ様構造の連続的な鋳型構造と強固な平面四配位構造の触媒活性中心を構築する試みを行った。すなわち，**図4.28** に示すように，コバルトポルフィリンの代わりに，コバルトイオンが配位したポリピロールを用いた検討を行った[41, 137, 138]。すなわち，コバルト-ポリピロール担持カーボン（CoPPy/C）系について，検討を加えた。この場合，カーボン粒子を分散させたピロール溶液を電解酸化重合（流動床における電解重合なので流動床電解重合であり，この場合は流動床電解酸化重合である）することにより，カーボン表面にポリピロール膜が形成される。

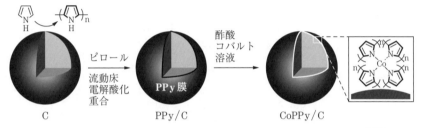

図4.28　コバルト-ポリピロール担持カーボン（CoPPy/C）系の作製法[41, 131]

　さらに，このポリピロール膜修飾カーボンを酢酸コバルト溶液に分散して，沸点還流条件で反応させると，コバルトイオンがポリピロールに配位したコバルト-ポリピロールが生成され，コバルト-ポリピロールを担持したカーボン（CoPPy/C）が作成できる。

　この触媒作製法は，コバルトポルフィリンの精密な合成，精製などが要らずに，2段階の溶液内の反応操作のみで触媒作製が完結する点で，工学的にも興味深い方法である。この CoPPy/C も上述した CoPor/C や HT-CorP/C と同様に良好な酸素還元触媒となる。この酸素還元挙動を電気化学的な測定により評価すると，CV での酸素還元の E_p は $+0.23$ V vs. SCE 程度になっている。さらに，流動床電解重合条件を精査すると触媒生成に変化が見られ，酸素還元挙動に影響を与えている[41, 131]（**図4.29**）。

　CoPPy/C について熱処理を行ったところ（この化合物を HT-CoPPy/C と記

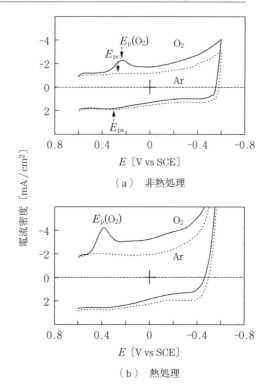

（a） 非熱処理

（b） 熱処理

図 4.29　コバルト-ポリピロール担持カーボン（CoPPy/C）系の
酸素還元挙動の CV 測定[41, 131]

す），**図 4.30** に示すように，非熱処理系に比べて触媒活性が著しく向上した[41, 131]。特に，この高温・常圧条件における熱処理温度と酸素還元能の関係より，図（c）より 600℃で熱処理を施した場合，$E_p = 0.38$ V vs. SCE および $n = 3.7$ の最高値が得られ，高い選択性を有する O_2 の 4 電子還元電極触媒が構築された。

また，CoPPy/C および HT-CoPPy/C の触媒活性中心は非晶質構造なので，それらの構造解析を EXAFS 測定から行った[41, 137, 138]（図 2.36）。それらの構造パラメータである N_{Co-N} は

・CoPPy/C では，4.0 ± 0.6

・HT-CoPPy/C では，4.0 ± 0.9

さらに，R_{Co-Co} は

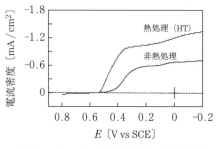

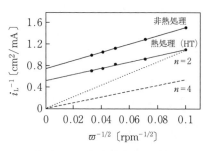

（a） RDE における触媒電流 - 電位曲線 　　　（b） RDE におけるクーテキー・
　　　　　　　　　　　　　　　　　　　　　　　　　　　　レビッチ プロット

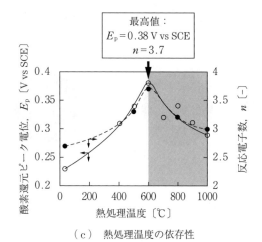

（c） 熱処理温度の依存性

図 4.30 コバルト-ポリピロール担持カーボン（CoPPy／C）系の
酸素還元能（熱処理と非熱処理の比較）[41, 131]

・CoPPy／C では，0.310 ± 0.002 nm

・HT-CoPPy／C では，0.296 ± 0.003 nm

となり，どちらも 1 個のコバルトイオンがドナー原子としての 4 個の窒素に配
位した構造（Co-N_4 構造）の活性点を保ちつつ，μ パーオキソ構造の条件を満
たすことが，HT-CoPor／C と同様に明らかとなった。すなわち，Co／PPy およ
び HT-Co／PPy のどちらも，O_2 の 4 電子還元が安定かつ連続的に進行している
と考えられる。

この触媒作製法は，2段階の溶液内での反応操作のみで触媒作製が完結する点で工学的にも興味深い方法である。また，表面が電気伝導性を帯びているので，何度でも粒子表面に触媒を作製できる興味深い作製法である。例えば，多重電解重合によるコバルト-ポリピロール担持カーボン（m-CoPPy/C）について検討している[135,136,138]（図4.31）。

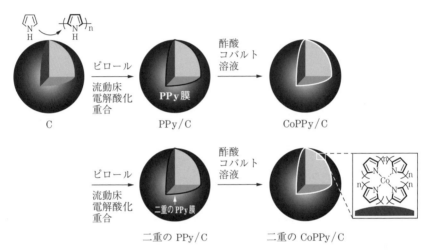

図4.31 多重電解重合法によるコバルト-ポリピロール担持カーボン（m-CoPPy/C）の作製法[41,124,130]

これより，単一の電解重合と二重の電解重合における XPS および粒子表面の元素分析より，単一系では N 0.41at％および Co 0.08 at％，それに比べ二重系では N 2.10 wt％ および Co 0.16 at％ と増加しており，触媒担持量が増加している。このため，**表4.5**[41,124,130]に示した酸素還元能は，単一系に比べて二重

表4.5 m-CoPPy/C および HT-m-CoPPy/C の酸素還元能[41,124,130]

電解重合	熱処理	E_p 〔V vs SCE〕	n 〔−〕
単一	なし	0.23	2.7
二重	なし	0.31	3.3
単一	あり（600℃）	0.38	3.7
二重	あり（600℃）	0.42	3.8

系のほうが向上しており（$E_p = 0.31$ V vs. SCE および $n = 3.3$），さらに熱処理（HT）を加えるとより高い酸素還元能が得られている（$E_p = 0.42$ V vs. SCE および $n = 3.8$）。このように繰り返し作製できる効率性の高い方法である。

以上のように，コバルトポルフィリン担持カーボン系およびコバルト-ポリピロール担持カーボン系は，どちらも酸素還元触媒としての効果的な活性中心を有しており，カーボン上で電極触媒としての高機能化，高密度化，高安定化などを図ることができる。

つぎに，コバルトポルフィリン担持カーボン系およびコバルト-ポリピロール担持カーボン系の応用展開として，つぎの3点（①～③）がある。

① 金属を複合したコバルト-ポリピロール担持カーボン系

② ピロールに変わる単量体・配位子によるコバルト-導電性高分子配位子担持カーボン系

③ 重合性置換基を有するコバルトポルフィリンを用いた導電性高分子化コバルトポルフィリン系

これらの中で，興味深い検討例は，① については，鉄イオン（Fe^{2+}，Fe^{3+}）あるいはイリジウムイオン（Ir^+）を混合し，熱処理（600℃）した触媒系（一例として，HT-(Co + Ir)PPy/C）について検討している。特に，イリジウムイオン（Ir^+）混合系おいて，半波電位 $E_{1/2}$ が $+0.57$ V vs. SCE および $n = 4.0$ という本触媒系の最高値が得られ，すこぶる効率的な O_2 の4電子還元が進行している[135, 136, 138]（**図 4.32～図 4.34**）。さらに，これらの構造解析例[135, 136, 138]を**表4.6**に示す。**図 4.35** に示すような有効な構造を呈している。

② については，カーボン粒子上に効率高く Co-N_4 構造を構築するために Co に対して配位力が強いピリジン，ピラジンなどの導電性高分子の単量体であるチオフェン，ピロールなどを複合した配位子の化合物を合成し，検討を加えている[128, 136, 138]（**図 4.36**）。特に, 3-(2-ピチジツ) チオフェン（3zuPyTh）とピロール（Py）を重合した触媒系（Co(P3PyTh) + PPy)/C では酸素還元の

・E_p：$+0.37$ V vs. SCE

・n：3.1

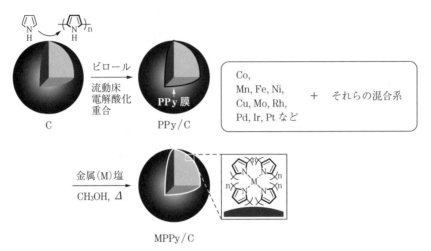

図4.32　金属複合コバルトポリピロール担持カーボン系
[(M₁ + M₂ + ⋯)PPy/C][41, 129, 130]

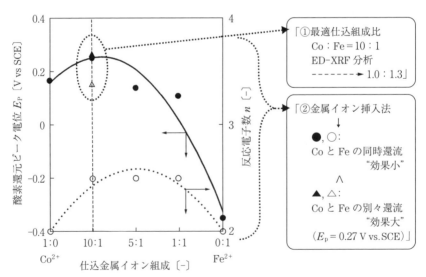

図4.33　(M₁ + M₂ + ⋯)PPy/C の酸素還元（Co + Fe 系を例に）[41, 129, 130]

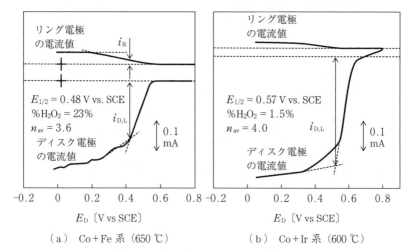

（a）　Co＋Fe 系（650 ℃）　　　　　（b）　Co＋Ir 系（600 ℃）

図 4.34　熱処理した金属複合コバルトポリピロール担持カーボン系 [HT-(M1＋M2＋…)PPy／C] の酸素還元[41, 129, 130]

表 4.6　(M$_1$＋M$_2$＋…)PPy／C の構造解析（Co＋Fe 系を例に）[41, 129, 130]

・ED-XRF 解析から　→　Co：Fe＝1.0：1.3
・XPS 解析から　　　→　Co2p$_{3/2}$, Fe2p$_{3/2}$, N から,
　　　　　　　　　　　　　Co, Fe, N が存在している。
・EXAFS 解析から　　↓

結合様式	配置数 n〔－〕	原子間距離〔nm〕
Co-N	4.5±0.5	0.210±0.002
Co-Co	1.7±1.0	0.310±0.003
Co-Fe	1.9±0.6	0.313±0.003
Fe-N	4.6±0.5	0.211±0.002
Fe-Co	1.9±0.4	0.314±0.002

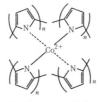　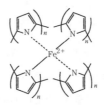

（a）　Co-N$_4$ 構造　　　（b）　Fe-N$_4$ 構造

図 4.35　Co-N$_4$ 構造と Fe-N$_4$ 構造

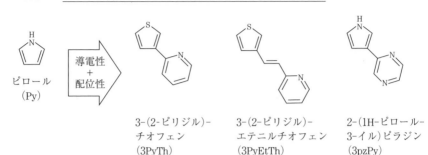

図 4.36　ピロールに代わる導電性高分子配位子系（CoPL／C）[41,123,130]

の結果を示し，熱処理を行った系（HT-Co(P3PyTh＋PPy)／C）においては

　・E_P：＋0.43 V vs. SCE

　・n：3.4

となっている。さらに，2-(1H-ピロール-3-イルピラジン)（3-pzPy）を重合して
熱処理した系では

　・E_P：＋0.39 V vs. SCE

　・n：が3.7

となっている[41,120,130]。

　つぎの ③ については，コバルトポルフィリン担持カーボン系とコバルト-ポ
リピロール系の両系の良い点を取り入れた分子設計の一つして，ポルフィリン
のメソ位にチエニル基を有するコバルト(II)5, 10, 15, 20-テトラチエニルポルフィ
リン（CoT3ThP）（**図 4.37**（a））およびコバルト(II)5-モノ (3-チエニル)-10,
15, 2, 0-トリスエチルポルフィリン（CoM3TThTEtP）（図（b））を合成し，
カーボン粒子表面に導電性のコバルトポルフィリン重合膜を修飾して，炭素粒
子状への触媒活性中心であるコバルトポルフィリンの高密度化ならびに高安定
化を検討している[41,120,121]。

　例えば，CoT3ThP において，電解重合してカーボン粒子上に修飾した触媒
系（P(CoT3ThP／C)（**図 4.38**左下）は，高せん断応力攪拌によりカーボン粒
子上に吸着させた触媒系（CoT3ThP／C）（図左上）に比べて，酸素還元能の向
上が見られている[123,127,138]。

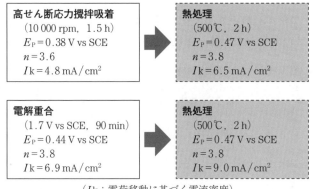

（ a ）　コバルト（Ⅱ）5, 10, 15, 20-
　　　　テトラ（3-チエニルポルフィリン
　　　　（CoT3ThP）

（ b ）　コバルト（Ⅱ）5-モノ（3-チエニル）-
　　　　10, 15, 20-トリスエチルポルフィリン
　　　　（CoM3ThTEtP）

図 4.37　導電性高分子化コバルトポルフィリン系 [P(CoPor)/C][41, 123, 127, 130)]

高せん断応力攪拌吸着 （10 000 rpm，1.5 h） $E_P = 0.38$ V vs SCE $n = 3.6$ Ik $= 4.8$ mA/cm^2	⇒	熱処理 （500℃，2 h） $E_P = 0.47$ V vs SCE $n = 3.8$ Ik $= 6.5$ mA/cm^2
電解重合 （1.7 V vs SCE，90 min） $E_P = 0.44$ V vs SCE $n = 3.8$ Ik $= 6.9$ mA/cm^2	⇒	熱処理 （500℃，2 h） $E_P = 0.47$ V vs SCE $n = 3.8$ Ik $= 9.0$ mA/cm^2

（Ik：電荷移動に基づく電流密度）

図 4.38　P(CoT3ThP/C) における各種作製法による酸素還元能の比較[41, 120)]

　また，この熱処理した触媒系（図右側）では，CoT3ThP/C からの熱処理系
も P(CoT3ThP) からの熱処理系もどちらも酸素還元の E_P が +0.47 V vs. SCE，
n が 3.8 と高い還元能を示している。さらに，電解重合の触媒系のほうが，高
せん断応力攪拌吸着からの触媒系に比べて，電解移動に基づく電流密度 I_k の
増加が見られている[123, 127, 138)]。このことは，良好な電気伝導ネットワーク形成
の礎となる電解重合膜の存在が重要であることを示唆している。
　また，**表 4.7** に示すように CoM3ThTEtP においても，電解重合の最適化によっ

表 4.7　P(CoM3ThEtP)/C および HT- P(CoM3ThEtP)/C の酸素還元[41, 120)]

電解重合時間 [min]	熱処理 [℃]	E_P [V vs. SCE]	I_P [mA/cm²]	n [－]
30	－	0.42	2.5	3.6
90	－	0.48	3.2	3.8
30	500	0.45	2.7	3.7
90	500	0.51	2.9	3.8

て酸素還元の E_P が＋0.48 V vs. SCE，n が 3.8 と触媒活性が向上している。さらに，電解重合と熱処理の両操作を行った触媒系においては，E_P が＋0.51 V vs. SCE，n が 3.8 と向上している。

　これらのように，O_2 の 4 電子還元が高い効率で安定に作動する新しい電極触媒の可能性がみられている。このように，金属ポルフィリン錯体系および金属-ポリピロール系担持カーボンのモデル系，さらには，それらの焼結系が白金に代わるカソード（空気極）触媒の動向について，**図 4.39**[127, 128)] のようにま

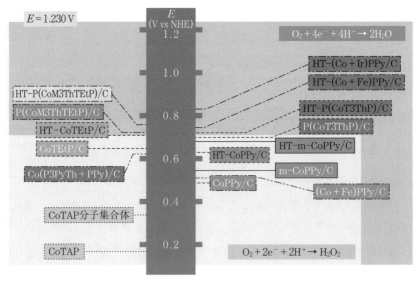

図 4.39　コバルトポルフィリン錯体系，コバルト - ポリピロール錯体系担持カーボン，およびそれらの電解重合系担持カーボンとその焼結系担持カーボンの性能：RDE 測定（$\omega = 100$ rpm）における酸素還元の半波電位（$E_{1/2}$）の比較[127, 128)]

とめることができる。

　このような触媒は，Pt 担持カーボン系の触媒に性能が近づいており，実用化も考えるべきである。以上のように，コバルトポルフィリン錯体およびコバルト-ポリピロール錯体のような材料を炭素粒子表面に修飾し，電解重合さらに熱処理を施すことによって，白金触媒に代わる実用的な燃料電池カソード（空気極）触媒の可能性が見られてきている。

コラム ⑤　カーボン表面の　Co（N N / N N）構造（Co-N$_4$ 構造）が地球の未来を変える

　2 章の X 線吸収微細構造（XAFS）のところ（2.4.4 項〔9〕）でも解説したように，上記に示した「Co-N$_4$ 構造」が電極上に形成されることが，多くの研究機関（実名は避けます）で報告され始めている。このようなことの蓄積により，本当の意味での，非常に有効で，白金をまったく使用しない，地球にやさしい，「燃料電池の電極触媒」が実現できると考えられる。そのためには，多くの人々の，枠を超えた，楽しく有意義な検討および協力が必要であると著者は考えている。

5

金属ポルフィリン錯体による
活性酸素の検出
－ 活性酸素の酸化反応あるいは活性酸素の検出反応 － [136～170]

5.1　生体における活性酸素 [136～143]

　3章の人工血液のところでも述べたように，生体の多くは呼吸により酸素分子 O_2 を取り入れ，それを細胞内に運んで有機物を酸化する際に発生するエネルギーを利用して生命を支えている。その過程で**スーパーオキシドアニオンラジカル**（superoxide anion radical）$O_2^{-\cdot}$ などの**活性酸素**（厳密には**活性酸素種**（ROS：reactive oxygen species）であるが，ここでは活性酸素と略称する）が生成する。生体において $O_2^{-\cdot}$ のような活性酸素は生命機構を支える不可欠な因子機能しており，また，過剰な活性酸素の生成に対して**スーパーオキシドジスムターゼ（SOD）**，グルタチオンペルオキシダーゼ，カタラーゼなどのラジカル消去系酵素を備えることにより恒常的なバランスを保っている（生理作用（"作用"と略称する））。しかしながら，生体内で活性酸素の生成と消去の恒常性が崩れて酸化ストレス状態になると，大量の活性酸素が生成されて強いラジカル毒性が生じ，引いては，炎症性疾患，神経疾患，動脈硬化，がん，糖尿病，虚血再灌流障害，加齢促進などの多くの病態に陥ると考えられている（病理作用（"障害"と略称する））。このため，それら生理作用（作用），病理作用（障害）などの機序，制御，防止などに関する広範な研究がなされている。特に，脂質，脂質関連の生体物質などに関する科学ならびに技術分野においても，多数の活性酸素に関する研究が展開されている。

　例えば，生体内の過剰な活性酸素 $O_2^{-\cdot}$ の消去や代謝を促進する検討の一つ

として，SOD の作用（式 (5.1)～(5.3)）を有するモデル化合物が研究されている。さらに，これらを用いた生体内における活性酸素利用が推進されている。

$$SOD[M^{(n)+}] + O_2^{-} \cdot \longrightarrow SOD[M^{(n-1)+}] + O_2 \tag{5.1}$$

$$SOD[M^{(n-1)+}] + O_2 - \cdot\, ^{+2H+} \longrightarrow SOD[M^{(n)+}] + H_2O_2 \tag{5.2}$$

$$2\,O_2^{-} \cdot + 2H^+ \xrightarrow{SOD[M^{(n)+}]} O_2 + H_2O_2 \tag{5.3}$$

[$SOD[M^{(n)+}]$ および $SOD[M^{(n-1)+}]$：SOD の酸化状態および還元状態]

そこで本章では，活性酸素の恒常性維持や非恒常性状態の早期発見と活性酸素によるがん細胞や組織への対処，消失などを目指した，生体内における活性酸素を検出するセンサーの研究，生体内における活性酸素を利用したナノドラッグデリバリーシステム（n-DDS）による抗酸化型抗がん剤の研究について詳説する。

5.2　金属ポルフィリン錯体-配位子系による活性酸素計測： 活性酸素センサー[143～170]

湯浅らは生体内において in situ で $O_2^{-} \cdot$ などの活性酸素を検出，定量できる電気化学的なセンサーをバイオインスパイアードケミストリーによるアプローチにより創製した。具体的には**図 5.1**[150]に示すように，シトクロム c などの活

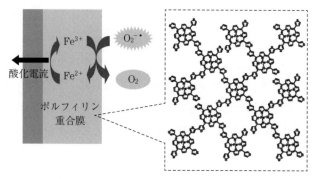

図 5.1　活性酸素センサーの作用極表面構造および活性酸素検出反応[143]

性中心に対応する鉄ポルフィリンに導電性高分子の単量体であるチオフェンの置換基を有するバイオインスパイアード材料を新規に分子設計ならびに合成し，その導電性重合膜を電極触媒として用い，活性酸素の酸化電流を計測することを原理としている。

このセンサーは全合成かつ全固体型のセンサーであり，生体用センサーとしてニードル型およびカテーテル型を作製している[150]（**図5.2**）。どちらも，1 mmϕ 程度の同軸上に中心より作用極／絶縁シールド／対極が設定され，1本化しているので，これのみで生体内での計測を可能にしている。

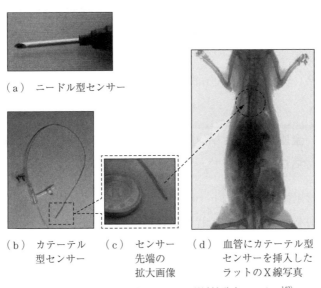

（a）　ニードル型センサー

（b）　カテーテル　　（c）　センサー　　（d）　血管にカテーテル型
　　　型センサー　　　　　先端の　　　　　　　　センサーを挿入した
　　　　　　　　　　　　　拡大画像　　　　　　　ラットのX線写真

図5.2　ニードル型およびカテーテル型活性酸素センサー[143]

図5.3（a）にこのセンサーの電極触媒である導電性重合膜を修飾した炭素電極での微分パルスボルタモグラム（DPV）[154]を示す。導電性重合膜を修飾していない裸の炭素電極では観測されないピークが示され，これは電極触媒である鉄ポルフィリンの鉄 (II/III) に基づくレドックスピークであり，鉄ポルフィリンが効果的に作動していることを示している。

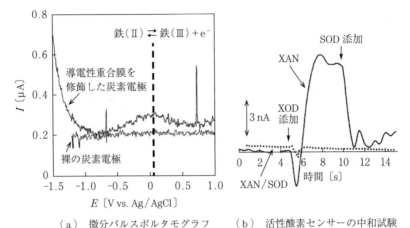

（a）微分パルスポルタモグラフ　　（b）活性酸素センサーの中和試験

図5.3 活性酸素センサーの電極触媒である導電性重合膜を修飾した炭素電極での微分パルスボルタモグラム（DPV）および（XAN/XOD系の活性酸素発生系に基づく）活性酸素センサーの中和試験[147]

さらに，図（b）に示すように実線で表示れた XAN（キサンチン）に（5 s 辺りで）XOD（キサンチンオキシダーゼ）を添加すると活性酸素が発生するために電流値は増加する。その後そこに SOD（スーパーオキシドジスムターゼ）を添加すると活性酸素が中和され，電流値は急激に減少する。一方，点線で示した XAN/SOD の場合は XOD を添加しても SOD が存在するために中和され，電流値の増加は起こらない。この中和試験から，XAN/XOD 系による活性酸素の発生および SOD による活性酸素の消失（中和）が確認できる。

また，**図5.4**[154] に示すように，XAN/XOD 系の活性酸素発生系において，XOD 添加濃度の増加に伴ってセンサー電流値も増加しており，定常状態でのセンサー電流増加値 ΔI と XOD 添加濃度からの活性酸素濃度との相関（図（b））が得られている。これらより，生体内での滑性酸素の定量的な検出を可能にしている。

また，このセンサーにおいて電極触媒である鉄ポルフィリン，その導電性高分子となる単量体（モノマー），電解重合法などの改良により，高感度化，高

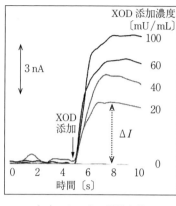
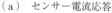

（a）　センサー電流応答

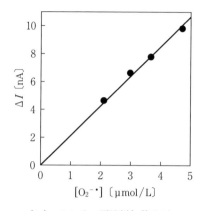

（b）　センサー電流増加値ΔIと
活性酸素濃度 $[O_2^{-\bullet}]$ との相関

図5.4　XAN/XOD系の活性酸素発生系におけるXOD添加濃度の増加に伴うセンサー電流応答および定常状態でのセンサー電流増加値とXOD添加濃度からの活性酸素濃度との相関（検量線）[147]

耐久性，抗血栓性などの性能の向上を図り，従来のバイオセンサーなどに比べて多くの利点を有するセンサーを構築している。例えば，超臨界二酸化炭素（$scCO_2$）環境中での電解重合により作製したセンサーによる高感度化の結果を図5.5に示す[142]。

電極触媒である導電性重合膜を$scCO_2$環境中で合成したもの（図（a）下）は，ジクロロメタンCH_2Cl_2のような有機溶媒中で合成したもの（図（a）上）に比べ，拡散係数が大きく，電荷移動速度が比較的遅いので，ゆっくりと高分子が成長し，均一かつ薄い膜が形成される。このため，導電性，触媒密度などが向上し，高い電流応答に基づく高感度化が達成できる。図（b）に示すように，有機溶媒で合成したものに比べ数十倍の電流応答，低濃度検出が可能になる。

このセンサーは，前述の図5.2のようにニードル型およびカテーテル型に成形し，生体内に留置した状態で継続的に活性酸素を計測し，in vivoにおける各種の虚血再灌流モデル，炎症モデル，排卵モデルなどにおいて，活性酸素を計測することができる。ここでは，前述の基礎データをもとに，① in vivo リアルタイム測定，② 糖尿病ラットの前脳虚血再灌流試験，③ コリン作動性薬

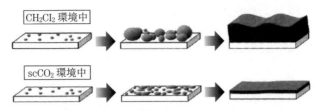

（a）　有機溶媒 (CH_2Cl_2) 中および超臨界二酸化炭素 ($scCO_2$)
　　　環境中における電解重合膜の形成の違い

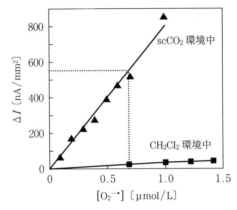

（b）　電解重合膜の違いによる活性酸素の検量線 ΔI の違い

図 5.5　有機溶媒中および超臨界二酸化炭素環境中における
　　　電解重合膜の形成の違いおよび電解重合膜の違いによる
　　　活性酸素の検量線の違い[143]

投与ラットの前脳虚血再灌流試験，④ 中等度低体温症に関するラットの試験，
⑤ 子牛血液中の活性酸素種計測などについて紹介する。

5.2.1　in vivo リアルタイム測定

　活性酸素 $O_2^{-\cdot}$ を in vivo リアルタイムで測定した例を紹介する[166]。これまで
は，in vivo における活性酸素 $O_2^{-\cdot}$ の直接かつ継続的に監視および評価するた
めの適切な方法がないため，憶測でしか考えられていなかった。ここでは，新
しく確立された電気化学的センサーを用いた in vivo 測定法を紹介する。
　生成された活性酸素 $O_2^{-\cdot}$ は電流 I として測定され，定量化された電気量の

部分的な値 Q_{part} として評価され，ベースラインと実際の反応電流との差を積分して計算する[166]（**図5.6**）。

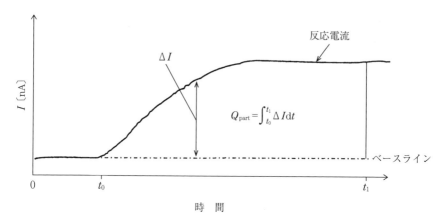

図5.6 活性酸素電流 ΔI の経時測定に基づく電気量 Q_{part} の評価・計算[166]

この方法の精度と有効性は，リン酸緩衝生理食塩液およびヒト血液中の in vitro におけるキサンチン（XAN）/ キサンチンオキシダーゼ (XOD) における容量依存性の活性酸素 $O_2^{-\cdot}$ の生成によって確認された。

つぎに，この方法を in vivo で内毒素症ラットに適用した例を紹介する。内毒素であるリポ多糖（LPS）をラットに添加すると約1時間後から活性酸素 $O_2^{-\cdot}$ の ΔI が増加し始めた[166]（**図5.7**）。また Q_{part} については，無処理ラット（シャム群）と比較して内毒素性ラット（LPS）では6時間後に有意に増加した[166]（**図5.8**）。また，ΔI および Q_{part} の値はスーパーオキシドジスムターゼ（SOD）の添加によって減衰した。活性酸素 $O_2^{-\cdot}$ の発生と減衰は，プラズマ脂質過酸化とマロンジアルデヒドによって間接的に確認され，可溶性細胞間接着分子による内皮損傷，および微小循環機能障害を有すると考えられる。

これは，生体内で活性酸素 $O_2^{-\cdot}$ を測定するための新しい方法であり，動物やヒトの過剰な活性酸素 $O_2^{-\cdot}$ の生成によって引き起こされる病態生理を監視し，治療するために使用することができると考えられる。

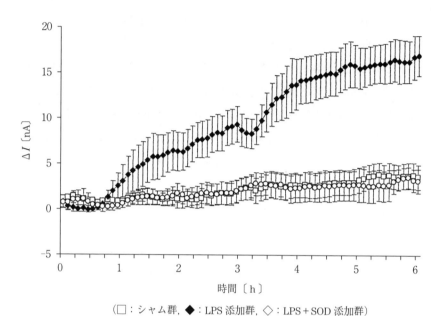

（□：シャム群, ◆：LPS 添加群, ◇：LPS＋SOD 添加群）

図 5.7 内毒素症ラットのリポ多糖（LPS）添加における in vivo 活性酸素の電流応答[166]

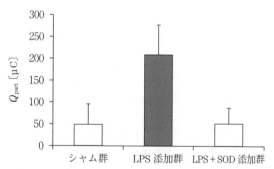

図 5.8 各種条件（シャム群，LPS 添加群および LPS＋
SOD 添加群）における 6 時間 Q_{part} 値の比較[166]

5.2.2 糖尿病ラットの前脳虚血再灌流試験

つぎに，糖尿病ラットの前脳虚血再灌流試験について紹介する[168]。この試験の目的は，糖尿病性 OLETF ラットおよび非糖尿病性 LETO ラットにおける静脈閉塞で誘導される脳血流の局所的変化に関連する虚血性病因を調べ，比較することである。皮質静脈を 10 匹の OLETF ラットおよび 10 匹の LETO ラットでローズベンガル色素を使用して光化学的に閉塞した。なお，この染色は，末端デオキシヌクレオチジルトランスデデドローゼ媒介デオキシウリジンニックエンド標識アッセイとともに単細胞死との関係を調べるために実施した。平滑筋アクチンとヴァンギーソンの弾性染色は，血管壁の肥厚の評価のために行った。図 5.9 に 2 群のラットの血液中の糖濃度の経時変化を示す[168]。

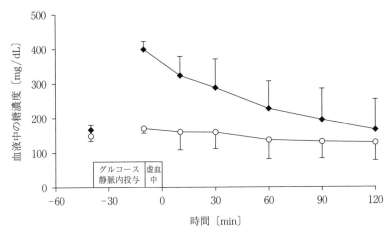

（◇：非糖尿病性 LETO ラット群，　◆：糖尿病性 OLETF ラット群）

図 5.9 2 群のラットの血液中の糖濃度の経時変化[160]

すべての動物は 48 時間後，灌流固定で処置した。この際の生成された活性酸素 $O_2^{-\cdot}$ は電流変化 ΔI として図 5.10 に，および，それらに関する虚血再灌流前後における電気量を図 5.11 示す[160]。

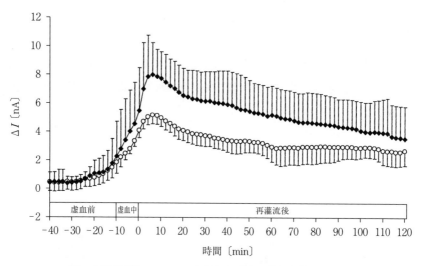

（○：非糖尿病性 LETO ラット群および ◆：糖尿病性 OLETF ラット群）

図 5.10　2 群のラットにおける虚血再灌流前後における電流変化 ΔI [160)

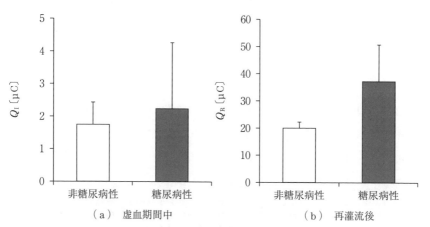

図 5.11　2 群のラットにおける虚血再灌流前後における電気量（Q_I, Q_R）[160)

なお，本疾患の確認として，MDA[†] および HMGB1 の結果をそれぞれ，**図 5.12** および **図 5.13** に示す[160]。糖尿病性 OLETF ラットでは静脈梗塞の影響を受けた大脳皮質の体積が増加しただけでなく，90 分で CBF が有意に減少し，虚血性病変とその周辺でのアポトーシスの増加と相まって有意に減少した。形態学的には，OLETF ラットは血管内線維症を有する小さな脳血管内の壁の肥厚を示し，非糖尿病性 LETO と比較してより重度の脳微小血管動脈硬化性変化を示した。

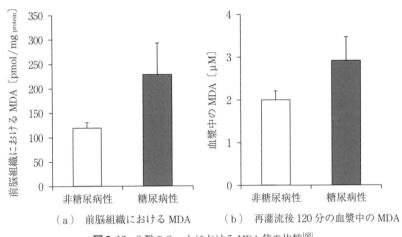

　（a）　前脳組織における MDA　　　（b）　再灌流後 120 分の血漿中の MDA

図 5.12　2 群のラットにおける MDA 値の比較[168]

5.2.3　コリン作動性作動薬投与ラットの前脳虚血再灌流試験

続いて，コリン作動性作動薬投与ラットの前脳虚血再灌流試験の結果[170] を示す。コリン作動性抗炎症経路は，虚血／再灌流病生理学を含む局所疾患およ

---

†　糖尿病にはさまざまな合併症があるが，その原因となる動脈硬化は比較的早期に起こり，直接命にかかわる脳梗塞や心筋梗塞のリスクを高める。動脈硬化性疾患の原因の一つとして，酸化された低密度リポ蛋白質（LDL）が中心的な役割を果たすことが明らかになった。酸化 LDL は，不飽和脂肪酸が酸化を受けて生じる多彩な物質の総称であり，代表的な脂質過酸化産物であるマロンジアルデヒド（MDA）によりアポ B が修飾された LDL（MDA-LDL）は，動脈硬化の形成と進展に深いかかわりを持つことが報告されている。この MDA-LDL は，冠動脈疾患既往歴のある糖尿病患者における冠動脈疾患の予後予測マーカーとして有用であり，保険適用されている[2]。

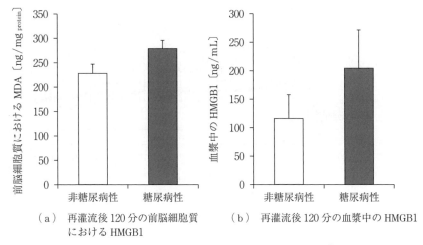

（a）再灌流後 120 分の前脳細胞質　　　　（b）再灌流後 120 分の血漿中の HMGB1
におけるHMGB1

図 5.13　2 群のラットにおける HMGB1 値の比較[160]

び全身疾患における炎症反応を調節する上で重要である。ここでは，ラットに
おけるコリン作動性アゴニスト，フィソスチグミン，頸静脈における活性酸素
（$O_2^{-\cdot}$）の発生，酸化ストレス，早期炎症および前脳虚血／再灌流（FBI／R）
における内皮活性化の影響を調べた。

　14 匹の雄のウィスターラットを対照群（$n=7$）またはフィソスチグミン群
（$n=7$）に割り当てた。フィソスチグミン群は，前脳虚血が確立される前に腹
腔内 24 時間および 1 時間の間に 80 ng／g フィソスチグミンを受け取った。頸
静脈活性酸素（$O_2^{-\cdot}$）電流は，前脳虚血中 10 分間，再灌流後 120 分間測定し
た[170]（**図 5.14**（a））。活性酸素（$O_2^{-\cdot}$）の電流は，両群の前脳虚血中に徐々
に増加した。対照群で再灌流直後に電流が著しく増加した。

　図（b）に虚血中の電気量 Q_I の変化，図（c）に再灌流後の電気量 Q_R の
変化も示す。再灌流後のフィソスチグミン群では電気量 Q_R が有意に減少した。

　さらに，脳内および血漿中のマロンジアルデヒド（MDA），高移動性群箱 1
（HMGB1）タンパク質および細胞間接着分子 1（ICAM1）は，脳内の HMGB1 を除
く対照群と比較して，フィソスチグミン群において有意に減衰した[162]（**図 5.15**）。

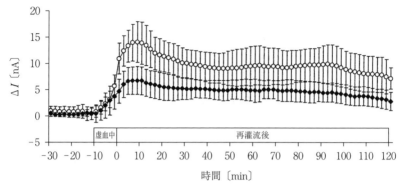

（○：対照群，　◆：フィソスチグミン群）

（a）　活性酸素電流 ΔI の測定

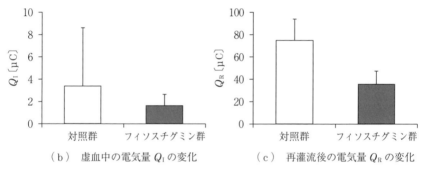

（b）　虚血中の電気量 Q_{I} の変化　　　　（c）　再灌流後の電気量 Q_{R} の変化

図5.14　前脳虚血中 10 分間，再灌流後 120 分間における頸静脈活性酸素の電流測定
　　　　および電気量の変化[162]

　また，FBI/R（前脳虚血/再灌流）中に発生した活性酸素 $O_2^{-\cdot}$ の量は，脳
内と血漿中の両方において，MDA，HMGB1 および ICAM1 と相関した。

　結論として，コリン作動性の作動薬フィソスチグミンは，前脳虚血/再灌流
の急性期における頸静脈活性酸素（$O_2^{-\cdot}$）発生，酸化ストレス，早期炎症お
よび脳内および血漿における内皮活性化を抑制した。したがって，活性酸素
（$O_2^{-\cdot}$）の抑制は，脳虚血/再灌流の病態生理学におけるコリン作動性抗炎症
経路の重要なメカニズムであると結論づけられる。

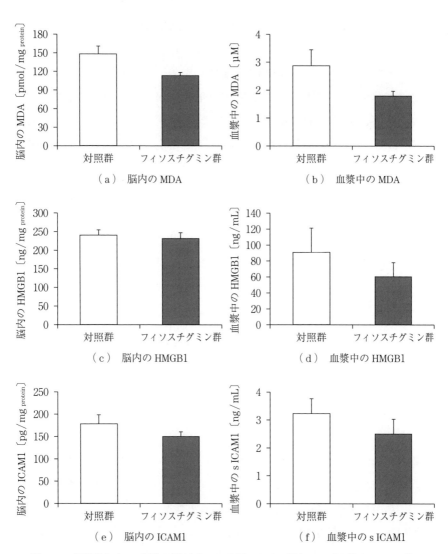

図 5.15　前脳虚血中 10 分間，再灌流後 120 分間における脳内および血漿中の MDA 値，
HMGB1 値および ICAM1（sICAM1：可溶性 ICAM1）値[162]

5.2.4　中等度低体温症に関するラットの試験

　さらに，中等度低体温症に関するラットの試験[171]について紹介する。この試験では，熱中症になったラットの血中に活性酸素 $O_2^{-\cdot}$ が発生すること，そしてそれによって全身性炎症および肝臓損傷が起こること，また中等度低体温症のラットではこれらの症状が抑制されていたことが示された。

　ここで熱中症を，動脈圧低下が起き，咽頭温度が40℃に達した状態と定義した。熱中症のラットは発症後の体温で四つのグループに分けた。すなわち，40℃，37℃，32℃および37℃でシャム群（無処理群）に分類した[163]（図5.16）。

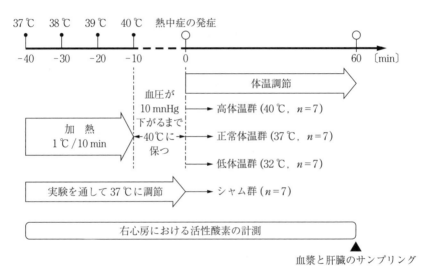

図5.16　熱中症ラットの発症後温度による分類[163]

　電気化学的な活性酸素（$O_2^{-\cdot}$）センサーを用いて，右心房で連続的に電流（変化）を測定したところ，シャム群を除く，すべての群において電流が増加した。熱中症の発症後，活性酸素（$O_2^{-\cdot}$）の電流（変化）は，温度依存性して抑制された[163]（図5.17）。

　血漿および肝臓高移動性群，細胞間接着分子，血漿アスパラギン酸アミノトランスセファーゼおよびアラニンアミノトランスビセラーゼも，活性酸素

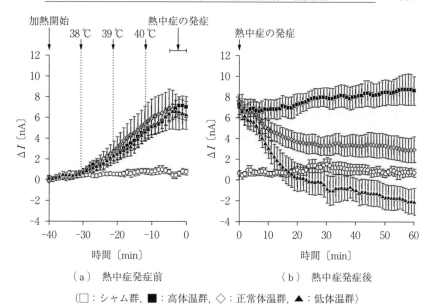

（□：シャム群，■：高体温群，◇：正常体温群，▲：低体温群）

図5.17　中等度低体温症における熱中症ラットの実験群にける活性酸素の電流測定[163]

（$O_2^{-\cdot}$）の抑制により抑制された。したがって，過度の活性酸素（$O_2^{-\cdot}$）の生成は熱中症の重要な要因であり，中程度の低体温症の抑制は治療的様相であると考えられる。

5.2.5　子牛血液中の活性酸素計測

最後に，子牛における血液活性酸素種の迅速測定法の開発について紹介する。これは，湯浅らによって開発された活性酸素の電気化学的検出法（センサー法）を，小牛の血液中で応用したものである。

まず，子牛の抹消血液で活性酸素（$O_2^{-\cdot}$）などの活性酸素種濃度が検出されるかどうかを確認するため，活性酸素（$O_2^{-\cdot}$）の生成および消去酵素であるキサンチンオキシダーゼ（XOD）およびスーパーオキシドジスムターゼ（SOD），および貪食細胞刺激剤（貪食細胞からの活性酸素放出刺激剤）であるオプソニン化ザイモザンなどを子牛の血液に投与してセンサーの電流値を調べ

た。その結果，このセンサーが間違いなく子牛血液中の活性酸素種を検出していることを確認した。

　つぎに，このセンサーを用いて子牛の去勢手術に伴う末梢血の活性酸素濃度を7日間にわたって調べたところ，術後3時間目をピークとする上昇を示し，その後，穏やかに低下した[167]（**図5.18**）。この反応は，末梢血化学発光能および総白血球数の増減に，ほぼ連動した動きであった[167]（**図5.19**および**図5.20**）。これらにより，子牛血液中の活性酸素種濃度の変化を迅速測定できることが確認された。

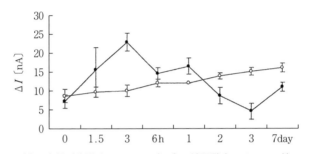

（●：去勢手術群（$n = 6 \pm$ SEM），○：対照群（$n = 3 \pm$ SEM））

図5.18　子牛の去勢手術に伴う末梢血の活性酸素濃度測定[167]

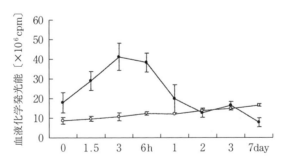

（●：去勢手術群（$n = 6$, mean $\pm$ SEM），○：対照群（$n = 3$, mean $\pm$ SEM））

図5.19　子牛の去勢手術に伴う末梢血化学発光能の変化[167]

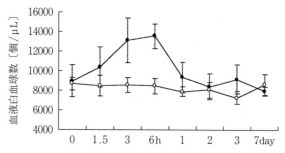

（●：去勢手術群（*n*＝6, mean±SEM), ○：対照群（*n*＝3, mean±SEM))

図5.20　子牛の去勢手術に伴う総白血球数の変化[167]

5.2.6　本活性酸素センサーの活用

　以上のように，この活性酸素センサーは，in vivo（生体内で）かつ in situ（その場で）な環境で活性酸素の検出が可能な測定手段である。従来，活性酸素の検出および評価は，試験管中のような in vitro かつ ex situ な環境での検出方法のみであった。それがこの活性酸素センサーの登場により，注射針やカテーテルのような in vivo かつ in situ な環境で活性酸素の検出が可能となった。

　これにより生物の健康状態の判定，病気であれば病気の程度の診断・推察，さらには，それに対応する治療の経過観察などができるようになった。さらには，重症になる前に軽症の段階で治療が可能であることを示している。

　なお，活性酸素センサーとしては，ポテンショメトリーによる方法[153]，さらには一酸化窒素（NO）センサー[174] に関する報告もある。

コラム ⑥　健康で，長寿で，有意義な社会の実現に向けて

　本章で紹介した活性酸素センサー法を下式のように，身体検査，健康診断，人間ドック，内科診療などの1項目の方法として取り入れれば，多くの病気の原因である「炎症性疾患」について，重度の病態になる前に確認することができ，簡単な治療によって短期間で，健康な状態に回復することも可能となるだろう。

$$\text{「活性酸素センサー法」} \equiv \begin{array}{l}\text{「身体検査，健康診断，}\\ \text{人間ドック，内科診療}\\ \text{などの1項目の方法」}\end{array}$$

　そのためにも，著者はさまざまな研究分野との共同研究によって本センサーの試験を重ね，より多くの有効な知見を蓄積して実用化まで進めていきたいと考えている。さらには本章で紹介した活性酸素センサーに加え，3章で紹介した人工血液および次章（6章）で紹介する抗酸化性の抗がん剤を有効に活用することによって，本当の意味での「健康で，長寿で，有意義な」社会の実現を願う次第である。

6

金属ポルフィリン錯体による
活性酸素の利用
－活性酸素の添加触媒反応：抗酸化型抗がん剤－[63, 64, 136～150, 172～193]

6.1　抗酸化型抗がん剤とは

　生体の多くは呼吸により酸素（O_2）を取り入れ，それを細胞内に運んで有機物を酸化する際に発生するエネルギーを利用して生命を支えている。その過程でスーパオキシドアニオンラジカル（$O_2^{-\cdot}$）などの活性酸素種が生成する。生体において $O_2^{-\cdot}$ のような活性酸素種は生命機構を支える不可欠な因子として機能しており，また，過剰な活性酸素種の生成に際してはスーパーオキシドジスムターゼ（SOD），グルタチオンペルオキシターゼ，カタラーゼなどのラジカル消去系酵素を備えることにより恒常的なバランスを保っている。しかしながら，生体内で活性酸素種の生成と消去の恒常性が崩れて酸化ストレス状態になると，大量の活性酸素種が生成されて強いラジカル毒性が生じ，引いては，炎症疾患，神経疾患，動脈硬化，がん，糖尿病，虚血再灌流障害，加齢促進などの多くの病態に陥ると考えられている。ここでは，SOD を模倣した抗酸化型抗がん剤について紹介する[68, 143-157, 182-205]

6.2　現在使用されている抗がん剤[182]

　がん剤はがん細胞を死滅させる薬である。細胞を死滅させるにもいろいろな方法があり，抗がん剤においては，現在，作用のメカニズム，目的などから大きく三つに分類される。

① DNA が増えないよう細胞に直接作用する薬剤

② がん細胞の増殖に必要な色々な酵素やレセプターに働きかける薬剤

③ がん細胞への免疫による攻撃を強化する薬剤

それぞれの抗がん剤の特徴について，以下で一つずつ順に解説していく。

まず，① については，がん細胞も含め，すべての細胞は「DNA（デオキシリボ核酸）」を持っている。これはそれぞれの細胞の情報を持った遺伝子のことであり，細胞が増殖する上で欠かせないものである。この DNA が増えるのをさまざまな方法で阻害することで，がんの情報を持った細胞の増殖を抑える。このタイプの代表的な抗がん剤は以下の i ）〜 v ）である。

i ）　抗生物質：がん細胞の細胞膜を破壊したり，DNA の合成を阻害したりする．マイトマイシン C，ブレオマイシンなどがある。

ii ）　アルキル化剤：DNA を変形させて複製不能にする．シクロフォスファミド，ブスルファンなどがある。

iii ）　プラチナ（白金）製剤：DNA にくっついて合成を阻害する．シスプラチン，カルボプラチンなどがある。

iv ）　植物アルカロイド：複製された DNA が新しい細胞に行くのを阻害する．イリノテカン，ドセタキセル，パクリタキセル，ビノレルビンなどがある。

v ）　代謝拮抗薬：DNA の合成に必要な酵素を阻害するテガフール系，メトトレキサート，ゲムシタビンなどがある。

つぎに，② については，がん細胞の増殖には，酵素やレセプター（細胞内に情報を伝えるための受容体）が必要である。これらの働きを阻害することでも，がん細胞の増殖を抑えることができる．このタイプの代表的な抗がん剤は以下 vi) および vii) である。

vi ）　ホルモン剤：乳がんや前立腺がんなど，性ホルモンにより増大する可能性があるがんには，これらのホルモンの作用を阻害が有効である。たとえば，タモキシフェン，リュープロレリン，アナストロゾールなどがある。

vii)　分子標的薬：がん細胞表面のタンパク質やがん細胞増殖に必要な酵素を特異的に攻撃することで，抗がん作用を発揮する．ゲフィチニブ，イマチニブ，トラスツズマブなどがある。

③については，がん細胞は本来なら自分自身の免疫細胞によって異物として攻撃される対象である。しかし，免疫系の攻撃の手が緩んだときにがん細胞が残されてしまい，がんの発症につながると考えられている。このような我々の体がもつ免疫の力を強める薬剤も抗がん剤である。このタイプの代表的な抗がん剤は，つぎのviii）およびix）である。

viii)　インターフェロン：細胞がウイルスに感染した時に分泌される物質で，免疫機能の増強や，がん細胞への攻撃を行う．インターフェロン α，β，γ などがある。

ix)　免疫賦活剤（めんえきふかつざい）：人体がもつがんへの攻撃力を高める。レンチナン，ウベニメクス，インターロイキンなどがある。

抗がん剤には以上のようなものがあるが，症例によって抗がん剤の使用法が変わる点に注意する必要がある。抗がん剤にはたくさんの種類があり，適応する病気もさまざまである。

患者さんに適切な抗がん剤の組み合わせや投与方法，投与量を決める際には，基礎的実験のデータや臨床試験のデータをもとに詳細分析が行われる。さらに，たとえ同じ部位のがんであっても，同じ抗がん剤が処方されるわけではない。

また，これらの薬の多くは海外の製薬メーカーが開発するため，最初の臨床試験は海外で行われる。欧米で医薬品として認可を受けても，日本での許可がなければ保険診療として使用することができない。安全性を確認し，日本人の場合の適量を決定し，日本の厚生労働省から医薬品としての認可を受ける必要がある。申請から認可までに非常に長い時間がかかってしまうことを近年では「ドラッグラグ」と呼び，問題視されている。いずれにしても，抗がん剤治療は技術の進歩に伴って位置づけが変わりつつある。がん治療のさらなる成績向上が期待される。

6.3 SOD-バイオインスパイアード材料とその分子 設計：新規抗酸化型抗がん剤の検討[142, 143, 173~193]

6.3.1 SOD-バイオインスパイアード材料とは

5章でも説明したが，生体内で過剰な活性酸素種の消去や代謝を促進する検討が必要となる。この働きを示す酵素として，SOD がある。一般に，SOD は1969年にマッコード（McCord），フリドビッチ（Fridovich）らによって発見された金属酵素であり，生体内のスーパーオキシドアニオンラジカル（$O_2^{-\cdot}$）を特異的に不均化分解して，過酸化水素（H_2O_2），ヒドロキシラジカル（$OH^\cdot$）等を生成する働きを有する[136]。このような SOD の機能を模倣した，$O_2^{-\cdot}$の消去・代謝反応（SOD 反応機構式：式（5.1）〜（5.3））を促進する SOD のモデル化合物（SOD ミミックス）が盛んに検討されており[137~143]，いわゆる人工系の抗酸化剤である。ここでは，その一つとして金属ポルフィリン錯体を用いた SOD ミミックスを紹介し，その応用例である抗酸化型抗がん剤について述べる。

一般に，金属ポルフィリン錯体は Fenton 反応†を起こすことができ，SOD と同様に $O_2^{-\cdot}$から H_2O_2 および $OH^\cdot$を生成することができるため，SOD ミミックスとなる抗酸化剤としての応用が期待されている。さらに，この機能をうまく応用した抗がん剤への検討も期待できる。応用する際は，投与してからがん細胞内で薬理作用を示すまでの動態を綿密に制御する必要がある。すなわち，正常細胞に比べて，がん細胞内において多量に存在するスーパーオキシドアニオンラジカル（$O_2^{-\cdot}$）に基づき，生成される H_2O_2 および $OH\cdot$ はアポトーシス（細胞死）やネクローシス（細胞壊死）を誘導して，がん細胞を優先的に死滅させることが示唆されている。

一般に，SOD は式（5.1）〜（5.3）に示す反応を触媒する酵素であり，金属イオン $[M^{(n)+1}]$ の酸化還元電位 $E_{O/R}$（O：酸化状態および R：還元状態）が示す $E_{O_2/O_2^{-\cdot}}$ と $E_{O_2^{-\cdot}/H_2O_2}$ の電位間（-0.32〜$+0.90$ V vs. NHE）に位置すれば，有

† 過酸化水素 H_2O_2 が二価の鉄イオン Fe(II) と反応して，ヒドロキシラジカル $OH^\cdot$ を生成する反応。

効な触媒活性を示す。このような条件を満たす金属錯体の中心金属イオンは銅
（Cu），マンガン（Mn）および鉄（Fe）などがあり，特に，触媒活性，触媒耐
性などを考慮してMnおよびFeの金属錯体が多数検討されている。

　また，低分子化合物系においては，配位子として非大環状配位子および大環
状配位子があり，さらに，SODと類似に分子設計された高分子化合物系配位
子が存在する（高分子化合物配位子に配位した金属イオンの構成する錯体は，
高分子錯体と呼ばれる）。特に，前述したように，このような分子モデルから
材料の応用を考慮すると，金属錯体で安定な金属ポルフィリン錯体および配位
子では安定かつ材料応用を考慮できる高分子化合物配位子が有効である。すな
わち，SODモデルとして，金属ポルフィリンおよび高分子化合物配位子の組
み合わせが有効で，特徴および機能としては

① SODと類似に分子設計された化合物であること

② ナノオーダーのドラッグデリバリーシステム（n-DDS）高分子として，
　水溶性高分子，マイクロスフェア，高分子ミセル，リポソームなどが検討
　されていること

など，ナノバイオ応用を施行した高分子系のSOD-バイオインスパイアード材
料が現在注目され，検討されている。ここでは，この高分子系SOD-バイオイ
ンスパイアード材料を中心に，その分子設計とナノ化学応用（あるいは，ナノ
バイオ応用）の観点から述べる。

6.3.2　高分子系SOD-バイオインスパイアード材料の分子設計のための
　　　　　基本要件

　高分子系SOD-バイオインスパイアード材料の分子設計のための要件として
重要なことは，基本となるSODの構築をよく見据えることである。

　例えば，Cu/Zn-SOD（図6.1）は，CuおよびZnを1個ずつ含むサブユニッ
ト2個からなる二量体で，その分子量がサブユニット当り16 000程度（アミ
ノ酸残基数：151〜155）で，かつ，サブユニットの基本構造が8本の逆平行 β
鎖と3個のループよりなる β-バレル構造となっている[183]。

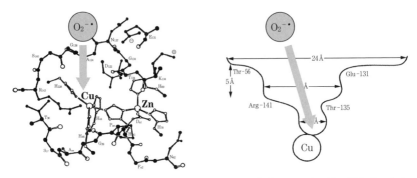

（a）　$O_2^{-\cdot}$の活性中心までの到達経路：活性部位への親水・カチオン性の溝とチャネル

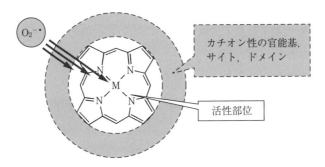

（b）　高分子系 SOD-バイオインスパイアード材料の分子設計のための要件

図6.1　Cu/Zn-SOD の構造と機能[173]

　Cu/Zn-SOD の活性部位（Cu および Zn の配位構造部位）は，Cu は4個のヒスチジン（His）残基（His46，His48，His63 および His120）に配位された歪んだ平面4配位構造，Zn は3個の His 残基と1個のアスパラギン酸（Asp）残基（His63，His71，His80 および Asp83）により配位された正4面体に近い構造となり，His63 がこれらの金属イオンを架橋した複核錯体構造（2個のイミダゾール窒素のうち N_δ で Zn とおよび N_ε で Cu と結合している）で，Cu〜Zn 間が 6.1〜6.3 Å 程度である。また，1個の S-S 結合[†1]が存在し，すべての Cu/Zn-SOD の一次構造上で保存されている[†2]。

　このような構造において，$O_2^{-\cdot}$ の消去・代謝反応（式（5.1）〜（5.3））を

---

†1　チロシン（Cys）57 と Cys146 の結合
†2　Cu/Zn-SOD の構造保持，特に，loop-6,5（Cu 配位構造部）の構造保持に重要である。

促進する Cu／Zn-SOD の触媒反応の速度定数 k_{cat} は $10^9 M^{-1}s^{-1}$ 程度と大きな値を示すのである。Cu／Zn-SOD の k_{cat} が拡散律速に近い値であること,酵素表面で Cu イオンの占める割合が0.1％程度であること,および,酵素1分子(分子量は32 000程度)当りで $O_2^{-\cdot}$ 1分子と反応することを考慮すると,$O_2^{-\cdot}$ が正電荷の集中している親水部の溝に導かれ,活性部位までチャネルを通って,活性部位である Cu(II) イオンに結合するということが明らかになっている。

このため分子設計として,静電力による $O_2^{-\cdot}$ の活性部位までのガイド機構,すなわち,活性部位までの親水・カチオン性の溝とチャンネルの構築が重要であり,$O_2^{-\cdot}$ を導き入れるためのカチオン性の官能基,サイト,ドメインなどを活性部位の近傍に構築することが要件となる。

つぎに,ナノバイオ応用を思考した高分子系 SOD-バイオインスパイアード材料の分子設計について述べる。例えば,抗がん作用を有する n-DDS として高分子系 SOD-バイオインスパイアード材料を考えてみる。

n-DDS の担体としては,図6.2のような水溶性高分子,マイクロスフェア,高分子ミセル,リポソームなどの利用が考えられる[183]。

さらに,n-DDS の機能を考慮すると

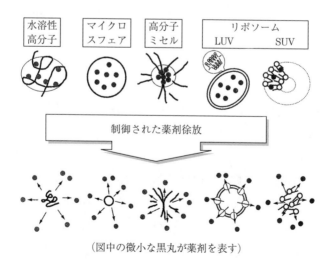

(図中の微小な黒丸が薬剤を表す)

図6.2 各種ナノドラッグデリバリーシステム (n-DDS)[173]

① 腎排泄，異物排除システム，細網内皮系（RES）などの排泄・代謝回避性

② 血中安定性・対流性

③ 患部組織・細胞集積性

④ 患部細胞内輸送性

⑤ 患部（組織・）細胞選択攻撃性

などを有する必要がある。例えば，リポソームの n-DDS である高分子系 SOD-バイオインスパイアード材料について，投与からがん細胞内作用までを視野に入れて分子設計してみると**図 6.3** のような要件が見出される[150, 183, 193, 205]。

まず，n-DDS は投与することにより血中に存在する。ここで

① 排泄・代謝回避性

② 血中安定性・対流性

などを考慮すると，粒径 4〜400 nm 程度，ポリエチレングリコール（PEG）表面修飾などが必要となる。つぎに

③ 幹部組織集積性

を考慮すると，EPR 効果を発現させる粒径 100 nm 以下，リガンド物質導入系と言った機能性リポソームの利用などについては，著者らの検討として，光線力学療法（PDT）の先駆的な裏付けによるポルフィリン錯体集積効果を発現させるポルフィリン錯体のリポソームへの導入の例がある。さらに

④ 患部細胞内輸送性

としては，細胞へのリポソームの吸着，融合，エンドサイトーシスなどを考慮して温度感受性，pH 感受性，リガンド物質導入系などの機能性リポソームの利用が考えられる。そして

⑤ 患部（組織・）細胞選択攻撃性

としては，がん細胞に選択的な DNA 阻害，細胞膜損傷，細胞死などを誘導させる薬剤付与が重要となる。特に，ここでは著者らの検討例である抗酸化作用・Fenton 反応誘導アポトーシス・ネクローシスの例を示してある。

以上のような分子設計をもとに，修飾ヘムタンパク質，高分子結合金属ポルフィリン錯体，金属ポルフィリン錯体導入リポソームといった高分子系 SOD-

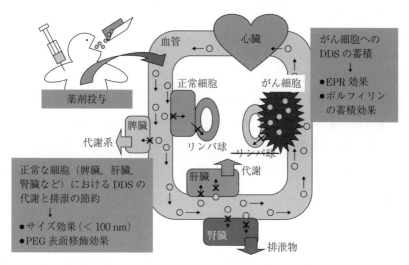

（a） 薬剤投与（経口投与，静注投与）後のがん細胞までの到達経路とそのための要因

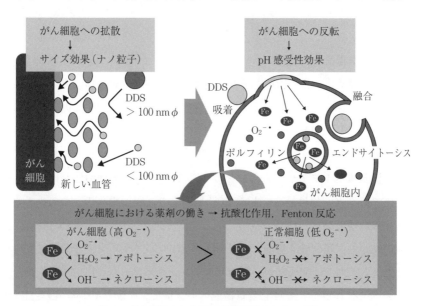

（b）　がん細胞中における薬剤到達のための要件

図6.3 薬剤投与後のがん細胞までの到達経路とがん細胞中における
薬剤到達のための要件[64, 143, 173]

バイオインスパイアード材料について，以下で順次述べていく。

6.3.3　修飾ヘムタンパク質

　高分子系 SOD-バイオインスパイアード材料を考える上で，生体適合性，触媒活性などを考慮すると，天然物，すなわち，金属タンパク質，金属酵素などの有効利用がある。例えば，SOD-バイオインスパイアード材料のであるポルフィリン錯体を活性部位に有するヘムタンパク質の利用が挙げられ，その中で（安価で，大量に入手しやすい）血液を運搬するヘモグロビン（Hb）に焦点を当ててみる。

　Hb の SOD 活性をシトクロム c 法より求めると，その指標となる IC_{50} 値（阻害率 50％における薬剤濃度）は 2.5×10^{-5} M となる。この値は，Cu/Zn-SOD のそれ（$IC_{50} = 1.3 \times 10^{-8}$ M）よりもはるかに大きく，抗がん作用を示さない[173]（**表 6.1**）。これはポルフィリン自体にヘム（鉄プロトポルフィリン IX，例えば，**図 6.4**[174]）があり，O_2^{-} を導き入れるためのカチオン性の官能基，サイト，ドメインなどが構築していないためである。

　そこで，カチオン性の官能基を有する金属ポルフィリン錯体（カチオン性金属ポルフィリン）を合成し，それを鉄プロトポルフィリン IX と再構成法により交換，付与した各種の修飾ヘモグロビンの高分子系 SOD ミミックス（再構成ヘモグロビン†）を合成している。各種の再構成ヘモグロビンにおいて，カチオン性金属ポルフィリンを含むもの[177, 185]で興味深い SOD 活性が得られ，その指標である IC_{50} 値は最高で 1.8×10^{-6} M となり，O_2^{-} 導入のためのカチオン性官能基の効果が見られている。

　血中安定性・滞留性を考慮した高分子系 SOD-バイオインスパイアード材料として，人工血液研究に基づいたポリエチレングリコール（PEG）を修飾した再構成ヘモグロビン（PEG 修飾再構成ヘモグロビン，表 6.1 中の MnT2MPyP-

---

†　ヘモグロビンのアポタンパク質を担体とし，その活性部位について SOD 活性を有するカチオン性金属ポルフィリン錯体に置き換えた高分子系 SOD-バイオインスパイアード材料である。

表6.1 各種高分子系 SOD-バイオインスパイアード材料の SOD 活性[173]

高分子系 SOD ミミックス	SOD 活性[*1]	
	k_{cat}〔$10^6 M^{-1}\cdot s^{-1}$〕	IC_{50}〔$10^{-6}M$〕
再構成ヘモグロビン系		
MnT2MPyP-Hb	3.6	1.8
FeT2MPyP-Hb	2.1	5.1
MnT4MPyP-Hb	—	2.0
MnT2MPyP-Hb-PEG	2.2	2.3
MnT2MPyP-PolyHb	7.3	1.1
ポリマー結合系		
SMA(1600)-MnTr4MPyP	1.1	—
SMA(1600)-FeTr4MPyP	2.8	—
PLL(2300)-FePFP	2.8	—
PLL(40000)-FeP	1.0	—
PLL(40000)-FePFP	2.2	—
デンドリマー系		
Hex-MnTr4MPyP	—	2.1 ± 0.7
リポソーム系		
MnT3FuP(1)/DMPC(200) リポソーム (III)	5.0	(18.2)
MnT4MPyP-SA$_{Na}$(1/1)/DMPC(200) リポソーム (I)	20	1.1_2
MnT4MPyP-SA$_{Na}$(1/4)/DMPC(200) リポソーム (II)	20	1.1_4
MnT2MPyP-SA$_{Na}$(1/4)/Tw61-Chol(100/100) ノイソーム	20	0.18
MnT4MPyP-SA$_{Na}$(1/4)/Tw61-Chol(100/100) ノイソーム	34	0.37
MnT2MPyP	21~60	0.18~0.70
MnT4MPyP	14~22	0.43~0.74
FeT2MPyP	—	0.60
FeT4MPyP	22	0.90
Hb	–	25
Cu/Zn-SOD	2310	0.013

*1 シトクロム c 法，ストップドフロー法などにより評価

Hb など[177, 185]），再構成ヘモグロビンを架橋した多量体（多量化再構成ヘモグロ
ビン，表6.1 中の MnT2MPyP-Poly-Hb など[177, 185]）を精密合成している。これ
らについても，表中の SOD 活性はシトクロム c 法，ストップドフロー法など
により評価されている。PEG 修飾再構成ヘモグロビンは再構成ヘモグロビンと
同等でかつ良好な SOD 活性を示し，その指標となる IC_{50} 値および k_{cat} 値は，そ
れぞれ 2.3×10^{-6} M および 2.2×10^6 $M^{-1}s^{-1}$ を得ている[173, 185]（表6.1）。さらに，
PEG 修飾再構成ヘモグロビンは，H_2O_2 耐性，低アルブミン凝集性などを有し，
効果的な血中滞留性を有する高分子系 SOD-バイオインスパイアード材料であ

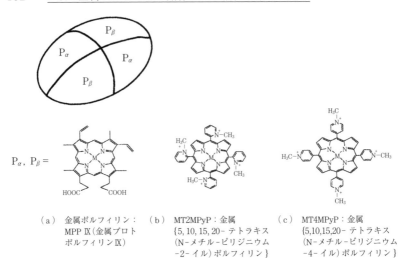

P_α, P_β =

(a) 金属ポルフィリン：
MPP Ⅸ（金属プロト
ポルフィリンⅨ）

(b) MT2MPyP：金属
{5, 10, 15, 20- テトラキス
（N-メチル-ピリジニウム
-2- イル）ポルフィリン}

(c) MT4MPyP：金属
{5,10,15,20- テトラキス
（N-メチル-ピリジニウム
-4- イル）ポルフィリン}

（P_α および P_β：ヘモグロビン（Hb）の α および β サブユニット中の金属ポルフィリン（顔料）部位）

図 6.4　修飾ヘムタンパク質系[174]

ることが明らかとなっている。多量化再構成ヘモグロビンにおいても類似の結
果が得られている。

6.3.4　高分子結合金属ポルフィリン錯体

6.3.3 項では，生体適合性，触媒活性などを考慮して，ヘムタンパク質を改
良した系での検討を示したが，より汎用，高い自由度などを有する抗酸化剤（・
抗がん剤）として高分子系 SOD-バイオインスパイアード材料を考えた場合に
は，全合成系が有利となる。生体適合性を有する合成系の高分子として，スチ
レンと無水マレイン酸の共重合体（ポリ（スチレン-co-マレイン酸無水物），
SMA），ポリ（L-リシン）（PLL）などがある。これら高分子に金属ポルフィリ
ン錯体を共有結合した高分子系 SOD-バイオインスパイアード材料の検討が報
告されている[173]（**図 6.5**）。

例えば，各種の PLL 結合金属ポルフィリン錯体が検討されている。この化
合物は 10 数個の PLL の構造ユニット当り 1 分子の金属ポルフィリン錯体が導
入されており，その SOD 活性は k_{cat} 値で 10^{-6} M 程度となり，酸構成ヘモグロ

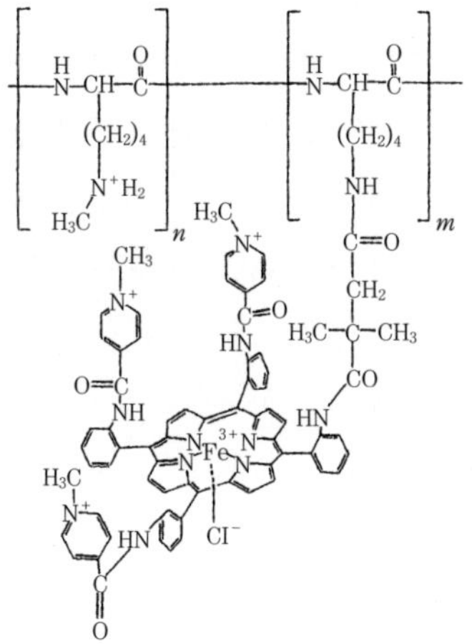

(a) FeNFP：鉄(Ⅲ)
[5-モノ(4-アミドピバロイル-
アミドフェニル)-10, 15, 20-トリ
(N-メチルピリジニウム -4-イル
-アミドフェニル)ポルフィリン]
クロライド

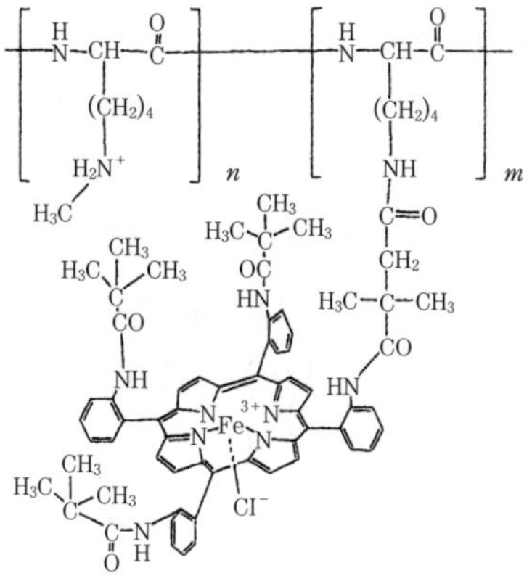

(b) FePFP：鉄(Ⅲ)
[5-モノ(4-アミドピバロイル-
アミドフェニル)-10, 15, 20-トリ
(ピバロイル-アミドフェニル)
ポルフィリン]クロライド

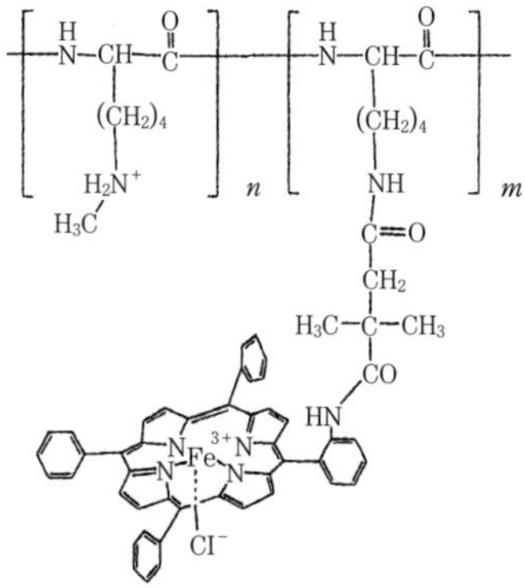

(c) FeP：鉄(Ⅲ)
[5-モノ(4-アミドピバロイル-
アミドフェニル)-10, 15, 20-トリ
(フェニル)ポルフィリン]クロライド

(注：鉄(Ⅲ)価なので, +1多いので, −1のカウンターイオンの Cl^- が必要となる)

図 6.5 高分子結合系：ポリ(L-リシン)結合金属ポルフィリン＝PLL*N*/金属ポルフィリン[173]

ビンと同等な高い活性を得ている。特に，各種の PLL 結合金属ポルフィリンの構造と SOD 活性より，カチオン性高分子ドメインとポルフィリン環周囲のフェンス型修飾基による保護空間の構築により効果的な SOD 活性を有することが明らかとなっている[†]。なお，どの高分子結合金属ポルフィリン錯体の SOD 活性も k_{cat} 値で 10^{-6} 程度であり，高分子ドメインによる立体障害の影響が生じていることが見出される。

さらに，SOD に迫る活性の向上を目指して，上述のような金属ポルフィリン錯体の高分子ドメインによる影響を低減させるために，金属ポルフィリンを高分子鎖に担持することなく，単一分子で溶存する金属ポルフィリン錯体で DDS 能を期待できる程度の分子サイズ効果を発現させるため，水溶性（カチオン性）金属ポルフィリン錯体の多量化について検討している。例えば，**図 6.6**[173] に示すようなベンゼンヘキサイル基を殻（コア）として水溶性置換基である *N*-メチルピリジニウム-4-イル基をメソ位に有する金属ポルフィリン錯体がコアに 6 個結合した構造を有するデンドリマー型の多量化金属ポルフィリン

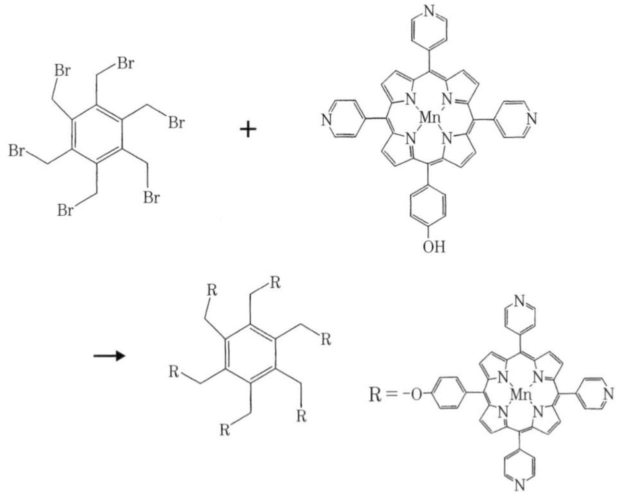

図 6.6 デンドリマー型金属ポルフィリン錯体系の合成スキーム[173]

[†] 例えば，表 6.1[187]中の k_{cat}(PLL-FePFP) $>$ k_{cat}(PLL-FeP)）のデータなど。

錯体を精密合成し，これが水溶性であり，SOD 活性を有することを明らかにしている。

6.3.5 金属ポルフィリン錯体導入リポソーム（ベシクル）

ここまで，高分子系 SOD ミミックスの概念，設計指針，高分子系 SOD の例である修飾ヘムタンパク質，高分子結合金属ポルフィリン錯体，デンドリマー型金属ポルフィリン錯体などについて述べたが，本項では，その成功例である抗酸化型抗がん剤である金属ポルフィリン錯体導入リポソーム（ベシクル）およびその設計指針などについて紹介する。

前述したように，一般に，金属ポルフィリン錯体は Fenton 反応を起こすことができ，SOD と同様に $O_2^{-\cdot}$ から H_2O_2 および $OH^\cdot$ を生成することができるため，抗がん剤としての応用が期待されている。ポルフィリンを抗がん剤へ応用する際は，投与してからがん細胞内で薬理作用を示すまでの動態を綿密に制御する必要がある。

3.3.4 項，3.3.5 項において，修飾ヘムタンパク質，高分子結合金属ポルフィリン錯体，デンドリマー型の多量化金属ポルフィリン錯体などが SOD 活性を得るために，分子設計において $O_2^{-\cdot}$ 導入のためのカチオン性官能基を活性部位近傍に構築することを紹介したが，実際にはその付近の高分子ドメインの立体障害により SOD 活性は影響を受ける。したがって，高分子系であっても立体障害の影響を受けないような分子設計が重要である。

そこで，上記のデンドリマー型の多量化金属ポルフィリンをより高分子量で，かつ，活性部位である金属ポルフィリン錯体を表面・表層に分子分散させる試みとして，リポソームの表層にカチオン性金属ポルフィリンを導入した高分子系 SOD ミミックスを合成した研究例[†]がある[64, 173, 177]（**図 6.7**）。

この研究例でも先述の第 3 世代人工血液と同様にリポソームを用いている

[†] 例えば，湯浅らによって細胞ミミックスであるリポソームと金属ポルフィリン錯体を構成要素としたナノドラッグデリバリーシステム（n-DDS）技術の構築を検討されている[204]。

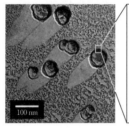 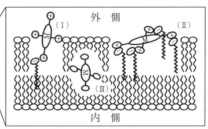

（Ⅰ）MT4MPyP [*1] /SA_Na [*2] （モル比1/1）
（Ⅱ）MT4MPyP/SA_Na（モル比1/4）
（Ⅲ）MT3FuP [*3] （イオンコンプレックスの形成
　　　はなく，金属ポルフィリンの単独体）

　　　（a）　TEM画像　　　　　　（b）　構造と抗がん作用の仕組み

リポソームは小さな1枚膜リポソーム（SUV）であり，SUVの直径はおよそ30 nm である。図（b）は，金属ポルフィリン錯体（MT4MPyP および MT3FuP）への長鎖アルキルアニオン（SA_Na）のイオンコンプレックス形成の違いによる二分子膜中への包埋状況の違いを示している。

＊1 金属 (5, 10, 15, 20-テトラキス (N-メチル-ピリジニウム-2-イル) ポルフィリン
＊2 ナトリウムステアレート
＊3 金属 (5, 10, 15, 20-テトラ (3-フリル) ポルフィリン。疎水性のポルフィリンである。

図6.7　金属ポルフィリン錯体導入リポソーム[64, 173, 177]

が，人工血液においては両親媒性の金属ポルフィリンをリン脂質二分子膜の層間（疎水領域）に包埋したのに対して，迅速な反応を考慮すべき抗がん剤においては，親水性の金属ポルフィリンをリン脂質二分子膜の表面（親水領域）に包埋している点が大きく異なる。この構造については，図（a）の TEM 画像から確認できる[64, 173, 177]。

　このように，がん治療に有効な分子を創製するうえで重要となるのは，生体内挙動の制御，がん組織への集積性，抗がん作用の3点である。以下，金属ポルフィリンを用いた抗がん剤についてこの3点を検討した内容を紹介する。さらに，東條，湯浅らが研究を進めている「ポルフィリンの構造自体に官能基を付与して新たな付加価値を与える研究」についても簡潔に述べる。

〔1〕　**生体内挙動の制御**

　金属ポルフィリン錯体にリポソームを組み合わせる際，ポルフィリンの近傍に高分子ドメインが存在することに起因する立体障害が懸念事項となる。金属ポルフィリン錯体の O_2^- 不均一化反応の活性は立体障害の影響を受けるためである。このような立体障害の影響を排除するため，図6.7のような金属ポルフィリン錯体にカチオン性を付与し，高分子系 SOD-バイオインスパイアード材料である金属ポルフィリン導入型リポソームが設計されている。すなわち，カチオン性の金属ポルフィリン錯体とリソーム構成要素であるアニオン性の脂肪酸との静電的相互作用を用いた分子集合体である。リポソームと静電的に相互作用することにより金属ポルフィリン錯体をリポソーム表面および表層に分散することができ，先ほど述べた懸念事項である高分子系において生じる立体障害を回避することができる。すなわち，この高分子系 SOD-バイオインスパイアード材料は，水溶性であるカチオン性金属ポルフィリン錯体をリポソーム（小さな1枚膜ベシクル，SUV）の表層に導入するために，カチオン性の金属ポルフィリン錯体とアニオン性の脂肪酸イオンからイオンコンプレックスを構築させ，あたかも裁縫で使う待針（イオンコンプレックス，頭がカチオン性の金属ポルフィリン錯体で針がアニオン性の脂肪酸イオン）を球状の針山（SUV）にたくさん刺してあるような分子集合体構造である（図6.7（b）[64, 173, 177]）。

　なお，一般に，リポソームは膜を構成する層数と大きさにより小さな1枚膜のリポソーム（SUV：small unilamelar vesicle，＜100 nm），大きな1枚膜のリポソーム（LUV：large unilamelar vesicle，100〜500 nm），多重層のリポソーム（MLV：multi lamelar vesicle，200〜500 nm）に分類することができる。このうち，最も小さいサイズのリポソームを調製できる SUV の特徴は

①　リポソームを SUV にしているので，粒径100 nm を切るサイズに調製できること（図（a）[64, 173, 177]）の TEM 画像および動的光散乱測定より粒径30 nm 程度）

②　リポソームの成分組成を容易に変えられるので PEG，糖鎖，リガンドなどを導入でき，かつ，温度感受性，pH 感受性などの機能を付与できること

③ 薬剤（活性部位）がイオンコンプレックスであるので容易に刺激に対して薬剤徐放ができること

④ リポソームなので二分子膜中に疎水性および内水層に親水性の他の薬剤を封入できること

⑤ 金属ポルフィリン錯体が表層付近に存在しているのでこれ自体がリガンド物質として作用すること

などである。さらに

⑥ この金属ポルフィリン錯体導入リポソームは，修飾ヘムタンパク質，高分子結合金属ポルフィリン錯体などに比べ，1桁以上高い SOD 活性を示すこと

も挙げられる。実際，調製したポルフィリン導入型リポソームの O_2^{-} 不均化反応の活性をストップドフロー法により評価したところ，低分子系の SOD ミミックスと同等の活性を有することが明らかとなっている（$k_{cat} = 10^7 \, M^{-1}s^{-1}$）。高分子系であるのに低分子系の SOD-バイオインスパイアード材料と同等の性能を示す点で非常に特徴的であり，興味深いものである。さらに

⑦ 金属ポルフィリン錯体の親疎水バランスを制御できるのでポルフィリン錯体の二分子膜中での存在位置を自由に変化させることが可能

であり，SOD 活性をも調整することができることも興味深い点である。またリポソームではなく，生体適合性を維持しながら汎用性に優れた非イオン性界面活性剤であるポリオキシエチレンソルビタンモノステアレート（Tween 61）などからなるベシクル（ニオソーム）を用いた系（金属ポルフィリン錯体導入ニオソーム）でも同様に検討され，優れた SOD 活性が得られている。

〔2〕　がん組織への集積性

ここで，in vitro における金属ポルフィリン錯体導入リポソームの細胞内取り込みの確認をフローサイトメトリー（FCM：flow cytometry）および共焦点レーザー顕微鏡（CLSM：confocal laser scanning microscope）観察から行っている（図 6.8[64, 173, 177)] および図 6.9[64, 173, 177)]）。FCM での蛍光プローブとして，高分子系 SOD-バイオインスパイアード材料と同様な環構造を有する金属フリーのカ

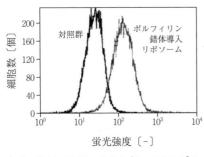

（a）5, 10, 15, 20 - テトラ(N- メチルピリ
ジニウム -4- イル)ポルフィリン
(H₂T2MePyP)

（b）5, 10, 15, 20 - テトラ(S, S- ジメチル
スルホニウム-4-イル)ポルフィリン

図6.8 ポルフィリン錯体導入リポソームの細胞内取り込みの
フローサイトメトリーによる確認[64, 173, 177]

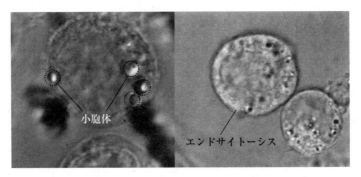

（a）金属フリーのカチオン性ポルフィ
リンを用いた蛍光プローブを使用

（b）Dextran-Texas Red™ を
蛍光プローブに使用

図6.9 金属ポルフィリン錯体導入リポソームの細胞内取り込みの
共焦点レーザー顕微鏡観察による確認[64, 173, 177]

チオン性ポルフィリンを用いている。ポルフィリン導入リポソームを添加して
いない対照群に比べ，ポルフィリン導入リポソームでは1細胞当りの蛍光強度
の増大が観察され，細胞へのポルフィリン導入リポソームの取り込みの確認が
示されている。

さらに，同様の蛍光プローブを用いた CLMS（図6.9（a））からも細胞内で
の蛍光が観察されている（つまり，金属ポルフィリン錯体導入リポソームが小
胞体内に取り込まれている）。また，蛍光プローブとして Dextran-Texas RedTM

を用いた CLMS（図（b））からは細胞へのポルフィリン導入リポソームの取り込みがエンドサイトーシスによる傾向であることが示唆されている。

〔3〕 抗がん作用

　〔1〕の生体内挙動の制御でも示したように，湯浅らが設計した金属ポルフィリン錯体導入リポソームは，生体内において SOD と同様の活性を示すことが確認されている。金属ポルフィリン錯体導入リポソームがもつ抗がん作用を同定するため，マウス肺がん細胞（LLC）にこれを添加し，alamar Blue™（アラマーブルー™）を用いた殺細胞実験を行った[64, 173, 177]（**図 6.10**）。対照群と既存の抗がん剤であるシスプラチン，マイトマイシン C と比較したところ，金属ポルフィリン錯体導入リポソームは優位な抗がん作用を示している。

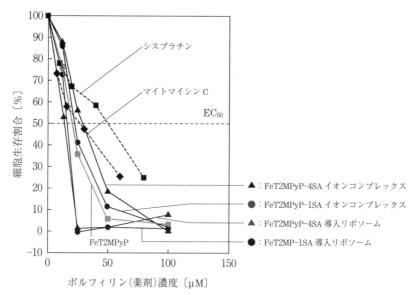

図 6.10　金属ポルフィリン錯体導入リポソームの抗がん作用（マウス肺がん細胞（LLC）に対する各種薬剤の殺細胞実験結果）[64, 173, 177]

　細胞レベルでの優位性が明らかになったことを受け，金属ポルフィリン錯体導入リポソームを皮膚がん移植マウスに投与する動物レベルの検討を行った。金属ポルフィリン錯体導入リポソームを投与したマウスの腫瘍体積の経過観察

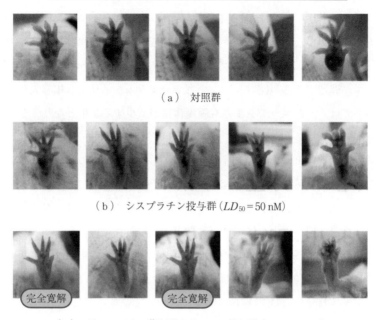

（a） 対照群

（b） シスプラチン投与群（$LD_{50} = 50$ nM）

（c） ポルフィリン導入型リポソーム投与群（$LD_{50} = 13$nM）

図6.11 金属ポルフィリン錯体導入リポソームを投与したマウスの腫瘍体積の経過観察結果（目視観察）[64, 173, 177]

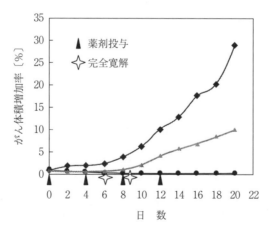

（◆：対照群，▲：シスプラチン投与群，●：ポルフィリン導入リポソーム投与群）

図6.12 金属ポルフィリン錯体導入リポソームを投与したマウスの腫瘍体積の経過観察結果（体積増加率変化：ポルフィリン導入リポソームを4日ごとに投与し，2日間隔で20までマウスの腫瘍体積および体重を記録）[64]

結果を**図 6.11**[64, 173, 177)]および**図 6.12**[64)]に示す。

　何も投与していない対照群のマウスにおける腫瘍体積が増加しているのに対して（図 6.11（a）），比較としてシスプラチンを投与したマウスでは腫瘍体積の減少が確認できる（図（b））。一方で金属ポルフィリン錯体導入リポソームにおいては，シスプラチンよりも腫瘍体積が減少する結果となり，なかには完全寛解したマウスも確認できた（図（c））。

　この経過観察結果について，経過日数とがん体積増加率の関係を具体的に数値化したものが図 6.12 である。金属ポルフィリン錯体導入リポソームが効果を発揮し，がん体積の増加を顕著に制御できていることが明確になり，細胞レベルでの検討と同様以上の優位性が動物実験で示された。

　このように湯浅らは，生体内挙動の制御，がん細胞への集積性，抗がん作用の観点において優位性を示す金属錯体を用いた（高分子系 SOD-）バイオインスパイアード材料の n-DDS 技術の構築に成功している。

コラム ⑦　"かぜ" は万病のもと

「"かぜ" は万病のもと」 ≡ 「酸化疾患は万病のもと」
　　　　　　　　　　　　≡ 「酸化ストレスは万病のもと」
　　　　　　　　　　　　≡ 「"生体内で活性酸素種の生成と消去の恒常性の乱れ"
　　　　　　　　　　　　　　が万病のもと」

　従来より，「かぜは万病のもと」と言われてきたが，本章のようなことが明確になると，炎症疾患，神経疾患，動脈硬化，がん，糖尿病，虚血再灌流障害，加齢促進などの多くの病態（"酸化疾患"）の根源は，"酸化ストレス "状態となり，最終的に，上記の生体内で活性酸素種の生成と消去の恒常性の乱れ"に落ち着くのである。

付録：2章に出てくる化合物の一覧

No.	化合物
化合物 1	ポルフィン錯体
化合物 2	プロトポルフィリン IX
化合物 3	オクタエチルポルフィリン
化合物 4	テトラフェニルポルフィリン
化合物 5	クロリン
化合物 6	バクテリオクロリン
化合物 7	コリン
化合物 8	ポルフィリノーゲン
化合物 9	オキソフロリン
化合物 10	フロリン
化合物 11	金属ポルフィリン
化合物 12	デューテロヘミン
化合物 13	プロトヘミン IX
化合物 14	プロトポルフィリン IX ジメチルエステル
化合物 15	ヘマトポルフィリン IX
化合物 16	オキシミノケトエステル
化合物 17	β-ジケトン
化合物 18	ピロール誘導体
化合物 19	エステル残基を有する 3,4-ジエチルピロール誘導体
化合物 20	カルボン酸残基とアルコール残基を有する 3,4-ジエチルピロール誘導体
化合物 21	3,4-ジエチルピロール
化合物 22	アルデヒド残基を有する 3,4-ジエチルピロール誘導体
化合物 23	ジピロールメテン
化合物 24	ジピロールメテン還元体
化合物 25	メソ-ジフェニルポルフィリン
化合物 26	ピロール
化合物 27	ベンズアルデヒド誘導体
化合物 28	アルデヒド基を有するピリジン誘導体
化合物 29	四つのメソ位にピリジン残基を有するポルフィリン錯体
化合物 30	四つのメソ位にピリジニウム残基を有するポルフィリン錯体
化合物 31	3-ブロモポルフィリン
化合物 32	5-（モノ）ブロモポルフィリン
化合物 33	5,15-ジブロモポルフィリン
化合物 34	5,10,15-トリブロモポルフィリン
化合物 35	5,10,15,20-テトラブロモポルフィリン
化合物 36	5-（モノ）ブロモポルフィナト亜鉛錯体
化合物 37	5-（モノ）シアノポルフィナト亜鉛錯体
化合物 38	5-（モノ）シアノポルフィン錯体

引用・参考文献

1) 湯浅　真，秋津貴城：錯体化学の基礎と応用，コロナ社（2014）
2) 化学大辞典編集委員会 編：化学大辞典 縮刷版，共立出版（1963）
3) H. Theorell：Biochem. Z., **268**, p.73（1934）
4) 田村　守，押野　臨：生物物理，**16**，1，p.1（1976）[doi:10.2142/biophys.16.1]
5) J. van Alphen：Rec. Trav. Chim. Pays-Bas., **56**, p.343（1937）
6) F. Larrow, E. N. Jacobsen：Org. Synth., Coll., **10**, 96（2004）；**75**, p.1（1998）
7) 長　哲郎，小林長夫，生越久靖，杉本博司，大勝靖一，飯塚哲太郎，石村
   巽：ポルフィリンの化学（共立化学ライブラリー⑳），共立出版（1982）
8) A. D. Adler, F. R. Longo, F. Kampas, F. Kim, J. Inorg：Nucl. Chem., **32**, p.2443
   （1970）
9) S. Neya, H. Yodo, N. Funasaki：J. Heterocyc. Chem., **30**, p.549（1993）
10) C. Shi, B. Steiger, M. Yuasa, F. C. Anson：Inorg. Chem., **36**, p.1294（1997）
11) M. Yuasa, R. Nishihara, C. Shi, F. C. Anson：Polym. Adv. Technol., **12**, 3-4, p.266
   （2001）
12) M. Yuasa, K. Oyaizu, A. Yamaguchi, M. Kuwakado：J. Am. Chem. Soc., **126**, 36,
   p.11128（2004）
13) D. Dolphin, ed.："The Porphyrins", Academic Press, New York（1975）
14) K. M. Smith, ed.："Porphyrins and Metalloporphyrins", Elsevier, Amsterdam
   （1975）
15) W. R. Scheidt：Accounts Chem. Res., **10**, p.339（1977）
16) B. M. L. Chen, A. Tulinsky：J. Am. Chem. Soc., **94**, p.4144（1972）
17) R. L. J. Abraham, C. E. Hawkes, K. M. Smith：Tett. Lett., p.1482（1974）
18) D. N. Dwyer, J. W. Buchler, W. R. Scheidt：J. Am. Chem. Soc., **96**, p.2789（1974）
19) ポルフィリン研究会 編：現代化学・増刊 27 ポルフィリン・ヘムの生命科学，
   遺伝病・がん・工学応用などへの展開，東京化学同人（1995）
20) T. Mashiko, M. E. Kastner, K. Spartalian, W. R. Scheidt, C. A. Reed：J. Am. Chem.
   Soc., **100**, p.6354（1978）
21) N. Hirayama, A. Takenaka, K. Spartalian, W. R. Scheidt, C. A. Reed：J. Chem. Soc.,

Chem. Comm., p.330 (1974)

22) E. Centikaya, A. W. Johnson, M. F. Lappert, G. M. McLaughlin, K. W. Muir：J. Chem. Soc., Dalton Trans., p.1236 (1974)

23) H. Kashiwagi, S. Obara：Int. J. Quant. Chem., **20**, p.843 (1981)

24) 柏木　浩，高田俊和，三好永作，小原　繁，佐々木不可止：分子科学研究所 電子計算機センター・ライブラリー・プログラム（1979）

25) J. E. Maskasky, M. E. Kenney：J. Am. Chem. Soc., **95**, p.1443 (1973)

26) 亘　弘，生越久靖，飯塚哲太郎 共編：ヘムタンパク質の化学，化学増刊， **76**，化学同人（1978）

27) M. Yuasa：Ligation Behavior of Iron-porphyrin Complexes Embedded in Bilayer of Oriented-Molecular Assemblies, A Thesis Presented to Waseda University (1988)

28) M. Yuasa, K. Aiba, Y. Ogata, H. Nishide, E. Tsuchida：Biochim. Biophys. Acta (BBA), **860**, p.558 (1986)

29) E. Tsuchida, H. Nishide, M. Yuasa, E. Hasegawa, Y. Matsushita：J. Chem. Soc., Dalton Trans., p.1147 (1984)

30) M. Yuasa, K. Yamamoto, H. Nishide, E. Tsuchida：Bull. Chem. Soc. Jpn., **61**, p.313 (1988)

31) J. C. Maxwell, J. A. Volpe, C. H. Barlow, W. S. Cauhey：Biochem. Biophys. Res. Commun., **58**, p.166 (1974)

32) J. P. Collman, J. I. Brauman, T. R. Halbert, K. S. Suslick：Proc. Natl. Acad. Sci. USA, **73**, p.3333 (1976)

33) C. H. Baarlow, J. P. Maxwell, W. J. Wallace, W. S. Caughey：Biochem. Biophys. Res. Commun., **55**, p.91 (1973)

34) H. J. Callot, A. Girandeau, M. Gross：J. Chem. Soc., Perkin II, p.1321 (1975)

35) A. Girandeau, H. J. Callot, J. Jordan, I. Ezhar, M. Gross：J. Am. Chem. Soc., **101**, p.3857 (1979)

36) P. Worthington, P. Hawbright, R. F. X. Williams, J. Reid, C. Buruham, A. Shamin, J. Tuvay, D. M. Bell, R. Kirkland, R. G. Little, N. D. Gupta：J. Inorg. Biochem., **12**, p.281 (1980)

37) M. Yuasa, H. Nishide, E. Tsuchida, A. Yamagishi：J. Phys. Chem., **92**, p.2897 (1988)

38) J. P. Collman, C. A. Reed：J. Am. Chem. Soc., **95**, p.2048 (1973)

39) E. Tsuchida, H. Maeda, M. Yuasa, H. Nishide：J. Chem. Soc., Dalton Trans., p.2455 (1987)

40) 化学分析ミチシルベ, https://chem-analyssstics.com/xafs-priciple1/

41) 湯浅　真：4.1 節「ナノ触媒－有機金属化合物系を例に－」in 長谷川悦雄 編著：ナノ有機エレクトロニクス, 工業調査会（2008）

42) M. Yuasa, A. Yamaguchi, H. Itsuki, K. Tanaka, M. Yamamoto, K. Oyaizu：Chem. Mater., **17**, 17, p.4278（2005）

43) 西出宏之, 土田英俊：高分子, **22**, 252, p.131（1973）

44) 岩下雄二：人工臓器, **8**, p.491（1979）

45) K. Iwasaki, Y. Iwashita：Artif. Organs, **10**, p.411（1986）

46) M. Matsushita et al.：ASAIO Trans., **33**, p.352（1987）

47) 土田英俊, 湯浅　真：人工臓器, **14**, p.1934（1985）

48) 湯浅　真, 土田英俊：高分子錯体アニュアルレビュー, p.11（1986）

49) 長谷川悦雄, 土田英俊：高分子, **38**, 7, p.728（1989）

50) 酒井健一, 酒井秀樹, 湯浅　真：化学系学生にわかりやすい平衡論・速度論, コロナ社（2021）

51) A. V. Hill：J. Physiol., **40**, p.4（1910）

52) G. S. Adair：J. Biol. Chem., **63**, p.517（1925）

53) J. Mono, J. Wyman, J. P. Changeux：J. Mol. Biol., **12**, p.88（1965）

54) 大阪大学大学院生命機能研究科 生体機能分子計測研究室（石島研究室）https://www.fbs.osaka-u.ac.jp/abs/ishijima/Allosteric-01.html （2021 年 11 月確認）

55) 近藤　保, 大島宏行, 松村延弘, 牧野公子：生物物理化学, 三共出版（1992）

56) J. Wyman：Adv. Protein Chem., **19**, p.223（1964）

57) T. V. Kilmartin：Brit. Med. Bulltin, **32**, p.209（1976）

58) Q. H. Gibson：J. Physiol., **134**, p.112（1956）

59) M. Brunori, R. W. Noble, E. Antonini, J. Wyman：J. Biol. Chem., **241**, p.5238（1966）

60) R. W. Noble, Q. H. Gibson：J. Biol. Chem., **244**, p.3905（1969）

61) 石村　巽, 波多野博行, 林晃一郎, 廣海啓太郎：生体系の高速反応, 化学増刊, **80**, 化学同人（1979）

62) 湯浅　真：現代化学, **168**, p.12（1985）

63) 湯浅　真：オレオサイエンス, **1**, 2, p.131（2001）

64) 湯浅　真, 東條敏史, 近藤剛史：化学, **76**, 10, p.59（2021）

65) 大柳治正ら：医学のあゆみ, **75**, p.637（1970）

66) 大柳治正ら：医学のあゆみ, **93**, p.569（1975）

67) 大柳治正ら：医学のあゆみ, **110**, p.453（1979）

68) 大柳治正, 斉藤洋一：医学のあゆみ, **134**, p.827 (1985)

69) 大柳治正：現代化学, **87**, p.46 (1978)

70) 垣　八郎：有合化, **38**, p.520 (1980)

71) X.-X. Zheng, 佐藤正明, 大島宣雄：人工臓器, **11**, p.1026 (1982)

72) 棒沢和彦ら：人工臓器, **24**, p.206 (1995)

73) S. C. Tam, J. Blumenstein, J. T. Wong：Proc. Natl. Adad. Sci. USA, **73**, p.2128 (1978)

74) K. Ajisaka, Y. Iwashita：Biochem. Biophys. Res. Commun., **97**, p.1076 (1980)

75) R. E. Benesch et al.：Biochemistry, **11**, p.3576 (1972)

76) P. E. Keipert, T. M. S. Chang：ASAIO Trans., **29**, p.329 (1983)

77) F. DeVenuto, A. Zegna：J. Surg. Res., **34**, p.205 (1983)

78) G. S. Moss：Preprints of Int'l. Symp. Red Cell Substitutes, p.18 (1989)

79) R. Chatterjee et al.：J. Biol. Chem., **261**, p.9929 (1986)；S. R. Snyder et al.：Proc. Nat. Acad. Sci. USA, **84**, p.7280 (1987)

80) T. M. S. Cheang：Science, **146**, p.524 (1964)

81) L. Djordjevich, I. F. Miller：Exp. Hematol., **8**, p.584 (1980)

82) C. A. Hunt et al.：Science, **230**, p.1165 (1985)

83) J. A. Hayward et al.：FEBS Lett., **187**, p.261 (1985)

84) A. Kato, I. Tanaka：Biomat. Med. Dev. Art. Org., **13**, p.61 (1985)

85) M. C. Farmer et al.：ASAIO Trans., **32**, p.58 (1986)

86) A. S. Rudolph：Cryobiology, **25**, p.277 (1988)

87) フジテレビ：新説！所 JAPAN, 2018 年 12 月 13 日放送；
NHK：おはよう日本, 2019 年 12 月 17 日放送；
JAXA：高品質タンパク質結晶生成実験研究者インタビュー (https:// humans-in-space.jaxa.jp/protein/public/interview/interview01.html)；
読売新聞：Chuo Online, 教養講座「人工血液を作れ！」(https://yab.yomiuri.co.jp/adv/chuo/research/20150205.html)；
F-Lab (https://www.allow-web.com/flab-net/2016/komatsu.html)

88) 日本経済新聞：2018 年 10 月 24 日 (電子版)；
朝日新聞：2019 年 7 月 25 日 (デジタル版), 2019 年 9 月 11 日 (デジタル版)；K. Hagisawa et al.：Transfusion, **59**, p.3186 (2019)；
財経新聞：2021 年 6 月 14 日 (電子版)

89) J. P. Collman, R. R. Gagne, C. A. Reed, T. R. Halbert, G. Lang, W. T. Robinson：J. Am. Chem. Soc., **97**, p.1427 (1975)

90) E. Tsuchida, H. Nishide, M. Sekine, M. Yuasa, T. Iizuka, Y. Ishimura：Biochem. Biophys. Res. Commun., **109**, p.858 (1982)

91) E. Tsuchida, H. Nishide, M. Yuasa, M. Sekine：Bull. Chem. Soc. Jpn., **57**, p.776 (1984)

92) E. Tsuchida, H. Nishide, M. Yuasa, E. Hasegawa：J. Chem. Soc., Dalton Trans., p.1147 (1984)

93) M. Yuasa, Y. Ogata, H. Nishide, E. Tsuchida, M. Iwamoto, T. Nozaki：Chem. Lett., p.1889 (1984)

94) E. Tsuchida, H. Nishide, M. Yuasa, E. Hasegawa, Y. Matsushita, K. Eshima：J. Chem. Soc., Dalton Trans., p.275 (1985)

95) M. Yuasa, Y. Tani, H. Nishide, E. Tsuchida：Biochim. Biophys. Acta (Biomembr.), **900**, 1, p.160 (1987)

96) M. Yuasa, Y. Tani, H. Nishide, E. Tsuchida：J. Chem. Soc., Dalton Trans., p.1917 (1987)

97) M. Yuasa, H. Nishide, E. Tsuchida：J. Chem. Soc., Dalton Trans., p.2493 (1987)

98) M. Yuasa, K. Yamamoto, H. Nishide, E. Tsuchida：Bull. Chem. Soc. Jpn., **61**, p.313 (1988)

99) 湯浅　真，高橋辰宏，西出宏之，土田英俊：日本化学会誌，**1984**，4，p.541 (1984)

100) 湯浅　真，谷雄一郎，西出宏之，土田英俊：高分子論文集，**42**，10，p.85 (1985)

101) 湯浅　真，福家正哉，関根　功：材料技術，**11**，1，p.16 (1993)

102) 湯浅　真：表面，**32**，10，p.680 (1994)

103) 湯浅　真：日本化学会，界面化学研究部会，ニュースレター，2 (1994)

104) 湯浅　真，鳥居広康，粂内友一，関根　功：表面技術，**45**，3，p.321 (1994)

105) 湯浅　真，鳥居広康，粂内友一，五喜田将紀，関根　功：表面技術，**48**，12，p.1218 (1997)

106) C. Shi, F. C. Anson：Inorg. Chem., **37**, p.1037 (1998)

107) T. Okada, M. Gokita, M. Yuasa, I. Sekine：J. Electrochem. Soc., **145**, p.S15 (1998)

108) 湯浅　真，高山　剛，関根　功：Material Technology（材料技術），**16**，8，p.334 (1998)

109) 湯浅　真，勝見雅秀，宇田川淳，菅沼宏文，関根　功：Material Technology（材料技術），**16**，9，p.371 (1998)

110) 湯浅　真：表面，**36**，3，p.157 (1998)

111) 湯浅　真，井村健吾，関根　功：Material Technology（材料技術），**18**，5，p.171（2000）

112) 湯浅　真：日本油化学会誌，**49**，4，p.315（2000）

113) 湯浅　真，鷲尾光幸，関根　功：Material Technology（材料技術），**18**，6，p.242（2000）

114) 湯浅　真，山口有朋，金辻伸隆：Material Technology（材料技術），**20**，5，p.234（2002）

115) 湯浅　真：第3章 燃料電池用材料とその周辺技術 PEFC系における電極触媒，in 本間琢也 監修：図解 燃料電池のすべて，pp.104～107，工業調査会（2003）

116) 小柳津研一，湯浅　真：高分子加工，**54**，2，p.88（2005）

117) 小柳津研一，湯浅　真：膜（MEMBRANE），**30**，5，p.254（2005）

118) 湯浅　真，小柳津研一，山口有朋，今井卓也，北尾水希：高分子論文集（Kobunshi Runbunshu），**63**，3，p.182（2006）

119) 小柳津研一，山口有朋，井合雄一，田中　健，湯浅　真：高分子論文集（Kobunshi Runbunshu），**63**，3，p.189（2006）

120) 湯浅　真，小柳津研一，村田英則：ケミカルエンジニアリング，**51**，5，p.353（2006）

121) K. Oyaizu, M. Hoshino, M. Ishikawa, T. Imai, M. Yuasa：J. Polymer Sci. A，**44**，18，p.5403（2006）

122) 湯浅　真，小柳津研一，村田英則，田中　健，山本昌邦：高分子論文集（Kobunshi Runbunshu），**63**，9，p.601（2006）

123) 湯浅　真，小柳津研一，村田英則，北尾水希，藤田賢治：高分子論文集（Kobunshi Runbunshu），**63**，9，p.607（2006）

124) K. Oyaizu, M. Hoshino, M. Ishikawa, T. Imai, M. Yuasa：J. Polym. Sci., A，**44**，p.5403（2006）

125) 小柳津研一，湯浅　真：ケミカルエンジニアリング，**52**，3，p.175（2007）

126) 湯浅　真，小柳津研一，村田英則，壱貫田浩志，田中　健，今井卓也：Material Technology（材料技術），**25**，6，p.313（2007）

127) 湯浅　真，小柳津研一，村田英則，田中　健，山本昌邦，佐々木真一：Electrochemistry，**75**，10，p.964（2007）

128) 村田英則，井合雄一，大竹崇久，小柳津研一，小澤幸三，湯浅　真：Electrochemistry，**75**，12，p.800（2007）

129) 湯浅　真：6.2節「燃料電池触媒」in 米澤　徹 編：ナノ粒子の創製と応用展開，フロンティア出版（2008）

130) T. Okada and M. Kaneko Eds., M. Yuasa（分担執筆），共著者 24 名：Springer Series in Materials Science 111, Molecular Catalysts for Energy Conversion, Springer-Verlag（2009）

131) 湯浅　真，藤田賢治，大竹崇久，青木亜佐美，村田英則：Material Technology（材料技術），**28**，4, p.462（2010）

132) 池尻貴宏，森　大輔，近藤剛史，湯浅　真：Material Technology（材料技術），**30**，3，p.90（2012）

133) 森　大輔，池尻貴宏，近藤剛史，湯浅　真：Material Technology（材料技術），**30**，7，p.105（2012）

134) J. M. McCord, I. Fridovich：J. Biol. Chem., **244**, p.6049（1969）

135) 中野　稔，浅田浩二，大柳善彦：活性酸素 生物での生成・消去・作用の分子機構，共立出版（1988）

136) D. P. Riley：Chem. Rev., **99**, p.2573（1999）

137) 吉川敏一，河野雅弘，野原一子：活性酸素・フリーラジカルのすべて－健康から環境汚染まで－，丸善出版（2000）

138) 河野雅弘，小澤俊彦，大倉一郎 編：抗酸化の化学 酸化ストレスのしくみ・評価法・予防医学への展開，化学同人（2019）

139) 大柳善彦，井上正康：活性酸素と老化制御 多細胞社会の崩壊と長寿へのシナリオ，共立出版（2001）

140) 湯浅　真：オレオサイエンス，**11**, p.45（2011）

141) 湯浅　真：オレオサイエンス，**12**，12，p.617（2012）

142) 湯浅　真，帖佐雅幸，関根　功，林　茂樹：Denki Kagaku（電気化学および工業物理化学），**62**，2，p.185（1994）

143) 湯浅　真，浜田美佐，関根　功：Material Technology（材料技術），**19**，p.274（2001）

144) 湯浅　真，黒田真太郎，関根　功：ポルフィリン（Porphyrins），**6**，1，p.21（1997）

145) M. Yuasa, K. Oyaizu, A. Yamaguchi, M. Ishikawa, K. Eguchi, T. Kobayashi, Y. Toyoda, S. Tsutsui：Polym. Adv. Technol., **16**, p.287（2005）

146) M. Yuasa, K. Oyaizu, A. Yamaguhi, M. Ishikawa, K. Eguchi, T. Kobayashi, Y. Toyoda, S. Tsutsui：Polym. Adv. Technol., **16**, p.616（2005）

147) 湯浅　真，小柳津研一：化学と教育，**53**，p.128（2005）

148) M. Yuasa, K. Oyaizu：Curr. Org. Chem., **9**, p.1685（2005）

149) 成相孝一，石川満寿英，江口勝哉，坪田昭人，藤瀬清隆，小柳津研一，湯浅

真：第 50 回日本不妊学会総会・学術講演会抄録，No. O-05（2005，熊本）

150）湯浅　真，小柳津研一，村田英則，石川満寿英，筒井　暁，南波真広：高分子論文集（Kobunshi Runbunshu），**63**，6，p.427（2006）

151）M. Yuasa, K. Oyaizu, H. Murata, T. Kobayashi, T. Kobayashi, C. Kobayashi：J. Oleo Sci., **56**, p.81（2007）

152）湯浅　真，小柳津研一，村田英則，江口勝哉，豊田裕次郎：高分子論文集（Kobunshi Runbunshu），**64**，2，p.90（2007）

153）湯浅　真，小柳津研一，村田英則，大関聖子，青木徹也：Material Technology（材料技術），**25**，7，p.175（2007）

154）湯浅　真，小柳津研一，村田英則，豊田裕次郎，南波真広，設楽正樹：高分子論文集（Kobunshi Runbunshu），**65**，p.349（2008）

155）湯浅　真，小林朋広，青木徹也，藤井宏行，五十嵐政嗣，村田英則：Electrochemistry（電気化学），**77**，p.940（2009）

156）H. Shinagawa-Aki, M. Fujita, S. Yamashita, K. Fujimoto, K. Kumagai, R. Tsuruta, S. Kasaoka, T. Aoki, M. Nanba, H. Murata, M. Yuasa, I. Maruyama, T. Maekawa：Brain Res., **1292**, p.180（2009）

157）M. Fujita, R. Tsuruta, S. Kasaoka, K. Fujimoto, R. Tanaka, Y. Oda, M. Nanba, M. Igarashi, M. Yuasa, T. Yoshikawa, T. Maekawa：Free Rad. Biol. Med., **47**, p.1039（2009）

158）T. Ono, R. Tsuruta, M. Fujita, H. Shinagawa-Aki, S. Kutsuna, Y. Kawamura, J. Wakatsuki, T. Aoki, C. Kobayashi, S. Kasaoka, T. Maruyama, M. Yuasa, T. Maekawa：Brain Res., **1305**, p.158（2009）

159）R. Tsuruta, M. Fujita, T. Ono, Y. Koda, Y. Koga, T. Yamamoto, M. Nanba, M. Shitara, S. Kasaoka, I. Maruyama, M. yuasa, T. Maekawa：Brain Res., **1309**, p.155（2010）

160）Y. Koga, R. Tsuruta, M. Fujita, T. Miyauchi, K. Kaneda, M. Todani, T. Aoki, M. Shitara, T. Izumi, S. Kasaoka, M. Yuasa, T. Maekawa：Brain Res., **1311**, p.197（2010）

161）S. Kutsuna, R. Tsuruta, M. Fujita, M. Todani, T. Yagi, Y. Ogino, M. Igarashi, K. Takahashi, T. Izumi, S. Kasaoka, M. Yuasa, T. Maekawa：Brain Res., **1313**, p.242（2010）

162）M. Todani, R. Tsuruta, M. Fujita, T. Nakahara, T. Yagi, C. Oshima, M. Igarashi, K. Takahashi, S. Kasaoka, M. Yuasa, T. Maekawa：Free Rad. Res., **44**, p.462（2010）

163）R. Tanaka, M. Fujita, R. Tsuruta, K. Fujimoto, H. Shinagawa-Aki, K. Kumagai, T. Aoki, A. Kobayashi, T. Izumi, S. Kasaoka, M. Yuasa, T. Maekawa：Inflammalion

Res., **59**, p.597（2010）

164）M. Fujita, R. Tsuruta, T. Kaneko, Y. Otsuka, S. Kutsuna, T. Izumi, T. Aoki, M. Shitara, S. Kasaoka, I. Maruyama, M. Yuasa, T. Maekawa：Shock, **34**, p.299（2010）

165）Y. Koga, R. Tsuruta, M. Fujita, Y. Koda, T. Nakahara, T. Yagi, T. Aoki, C. Kobayashi, S. Kasaoka, M. Yuasa, T. Maekawa：Neurological Res., **32**, p.925（2010）

166）高橋秀之，宮本　亨，高橋雄治，堀野理恵子，藤野資子，中村菊保，山田　学，山本　佑，大橋　傳，筒井　暁，南波真広，小柳津研一，湯浅　真：動物衛生研究所研究報告，112，p.25（2006）

167）T. Kako, C. Kaise, Y. Kimoto, S. Suzuki, T. Kondo, M. Yuasa：J. Oleo Sci., **60**, p.647（2011）

168）湯浅　真 他：特許 第 4128530 号，特許 第 4909632 号 など

169）湯浅　真，東條敏史，近藤剛史：月刊化学，**76**，9，p.51（2021）

170）湯浅　真，小林ちひろ，高橋甲子郎，村田英則：高分子論文集（Kobunshi Ronbunshu），**67**，2，p.97（2010）

171）狭間研至：主な抗がん剤の種類 [抗がん剤] All About, https://allabout.co.jp/gm/302514/

172）湯浅　真，小柳津研一，村田英則：オレオサイエンス，**6**，6，p.307（2006）

173）湯浅　真，山口有朋，大平俊明，堀内愛子，川上浩良，朝山章一郎，長岡昭二：Material Technology（材料技術），**21**，7（2003）

174）M. Yuasa, A. Yamaguchi, S. Mikami, U. Midorikawa, H. Kawakami, S. Nagaoka：J. Oleo Sci., **52**, p.149（2003）

175）A. Yamaguchi, T. Ishino, N. Matsukura, H. Kawakami, S. Nagaoka, M. Yuasa：J. Oleo Sci., **52**, p.269（2003）

176）M. Yuasa, K. Oyaizu, A. Horiuchi, A. Ogata, T. Hatsugai, A. Yamaguchi, M. Kawakami：Mol. Pharm., **1**, p.387（2004）

177）M. Yuasa, K. Oyaizu, A. Yamaguchi, T. Hayashi, U. Midorikawa：J. Oleo Sci., **54**, p.115（2005）

178）M. Yuasa, K. Oyaizu, A. Ogata, N. Matsukura, A. Yamaguchi：J. Oleo Sci., **54**, p.233（2005）

179）M. Yuasa, K. Oyaizu, T. Hayashi, A. Yamaguchi：J. Oleo Sci., **54**, p.413（2005）

180）M. Yuasa, K. Oyaizu, Y. Hanyu, K. Kasahara, A. Yamaguchi：J. Oleo Sci., **54**, p.465（2005）

181）M. Yuasa, K. Oyaizu, Y. Hanyu, T. Hayashi, A. Yamaguchi：J. Oleo Sci., **54**, p.513（2005）

182) H. Kawakami, K. Hiraka, M. Tamai, A. Horiuchi, A. Ogata, T. Hatsugai, A. Yamaguchi, K. Oyaizu, M. Yuasa：Polym. Adv. Technol., **18**, p.82 (2007)

183) M. Yuasa, K. Oyaizu, H. Murata, T. Hatsugai, A. Ogata：J. Oleo Sci., **56**, p.87 (2007)

184) M. Yuasa, K. Oyaizu, H. Murata, M. komuro：J. Oleo Sci., **56**, p.95 (2007)

185) 村田英則，小柳津研一，小室雅康，阿波亮太，月岡東恵，早乙女智洋，湯浅　真：色材，**81**，p.37 (2008)

186) 村田英則，伊藤裕二，新保智幸，小柳津研一，湯浅　真：高分子論文集（Kobunshi Ronbunshu），**65**，4，p.277 (2008)

187) K. Hiraka, M. Kanehisa, M. Tamai, S. Asayama, S. Nagaoka, K. Oyaizu, M. Yuasa, H. Kawakami：Colloids & Surf. B: Biointerfaces, **67**, p.54 (2008)

188) 湯浅　真，佐原義純，結城りさ，立石哲也，村田英則，原　泰志，小島周二：高分子論文集，**67**, p.82 (2010)

189) 湯浅　真 他：特許 第4741205号など

190) T. Tojo, M. Yuasa, et al.：Bioorg. Med. Chem. Lett., **10**, 127437 (2020)

191) K. Nishida, T. Tojo, M. Yuasa, et al.：Sci. Rep., **11**, p.2046 (2021)

192) 東條敏史，近藤剛史，湯浅　真：月刊化学，**76**，7，p.70 (2021)

索　　　引

———著 者 略 歴———

1983 年　早稲田大学理工学部応用化学科卒業
1985 年　早稲田大学大学院理工学研究科修士課程修了（応用化学専攻）
1988 年　早稲田大学大学院理工学研究科博士後期課程修了（応用化学専攻）
　　　　　工学博士
1998 年　東京理科大学助教授
2001 年　東京理科大学教授
　　　　　現在に至る

金属ポルフィリン錯体を用いたバイオインスパイアード材料
Bio-inspired Material Using Metal Porphyrin Complexes　　　　　Ⓒ Makoto Yuasa 2022

2022 年 11 月 18 日　初版第 1 刷発行　　　　　　　　　　　　　　　　★

検印省略	著　者	湯　　浅　　　　真
	発 行 者	株式会社　コ ロ ナ 社
		代 表 者　牛 来 真 也
	印 刷 所	新 日 本 印 刷 株 式 会 社
	製 本 所	有限会社　愛 千 製 本 所

112-0011　東京都文京区千石 4-46-10
発 行 所　株式会社　コ ロ ナ 社
CORONA PUBLISHING CO., LTD.
Tokyo Japan
振替00140-8-14844・電話(03)3941-3131(代)
ホームページ　https://www.coronasha.co.jp

ISBN　978-4-339-06663-0　C3043　Printed in Japan　　　　　(柏原)

技術英語・学術論文書き方，プレゼンテーション関連書籍

プレゼン基本の基本 ―心理学者が提案するプレゼンリテラシー―
下野孝一・吉田竜彦 共著／A5／128頁／本体1,800円／並製

まちがいだらけの文書から卒業しよう 工学系卒論の書き方
―基本はここだ！―
別府俊幸・渡辺賢治 共著／A5／200頁／本体2,600円／並製

理工系の技術文書作成ガイド
白井　宏 著／A5／136頁／本体1,700円／並製

ネイティブスピーカーも納得する技術英語表現
福岡俊道・Matthew Rooks 共著／A5／240頁／本体3,100円／並製

科学英語の書き方とプレゼンテーション（増補）
日本機械学会 編／石田幸男 編著／A5／208頁／本体2,300円／並製

続 科学英語の書き方とプレゼンテーション
―スライド・スピーチ・メールの実際―
日本機械学会 編／石田幸男 編著／A5／176頁／本体2,200円／並製

マスターしておきたい 技術英語の基本―決定版―
Richard Cowell・佘　錦華 共著／A5／220頁／本体2,500円／並製

いざ国際舞台へ！ 理工系英語論文と口頭発表の実際
富山真知子・富山　健 共著／A5／176頁／本体2,200円／並製

科学技術英語論文の徹底添削 ―ライティングレベルに対応した添削指導―
絹川麻理・塚本真也 共著／A5／200頁／本体2,400円／並製

技術レポート作成と発表の基礎技法（改訂版）
野中謙一郎・渡邉力夫・島野健仁郎・京相雅樹・白木尚人 共著
A5／166頁／本体2,000円／並製

知的な科学・技術文章の書き方 ―実験リポート作成から学術論文構築まで―
中島利勝・塚本真也 共著
A5／244頁／本体1,900円／並製
日本工学教育協会賞（著作賞）受賞

知的な科学・技術文章の徹底演習
塚本真也 著
工学教育賞（日本工学教育協会）受賞
A5／206頁／本体1,800円／並製

定価は本体価格＋税です。
定価は変更されることがありますのでご了承下さい。

図書目録進呈◆

組織工学ライブラリ
―マイクロロボティクスとバイオの融合―

(各巻B5判)

■編集委員　新井健生・新井史人・大和雅之

配本順			頁	本体
1.（3回）	細胞の特性計測・操作と応用	新井史人編著	270	4700円
2.（1回）	3次元細胞システム設計論	新井健生編著	228	3800円
3.（2回）	細胞社会学	大和雅之編著	196	3300円

再生医療の基礎シリーズ
―生医学と工学の接点―

(各巻B5判)

コロナ社創立80周年記念出版
〔創立1927年〕

■編集幹事　赤池敏宏・浅島　誠
■編集委員　関口清俊・田畑泰彦・仲野　徹

配本順			頁	本体
1.（2回）	再生医療のための**発生生物学**	浅島　誠編著	280	4300円
2.（4回）	再生医療のための**細胞生物学**	関口清俊編著	228	3600円
3.（1回）	再生医療のための**分子生物学**	仲野　徹編	270	4000円
4.（5回）	再生医療のためのバイオエンジニアリング	赤池敏宏編著	244	3900円
5.（3回）	再生医療のためのバイオマテリアル	田畑泰彦編著	272	4200円

バイオマテリアルシリーズ

(各巻A5判)

			頁	本体
1.	**金属バイオマテリアル**	塙　隆夫／米山隆之 共著	168	2400円
2.	**ポリマーバイオマテリアル** ―先端医療のための分子設計―	石原一彦著	154	2400円
3.	**セラミックバイオマテリアル**	岡崎正之／山下仁大 編著	210	3200円
	尾坂明義・石川邦夫・大槻主税 井奥洪二・中村美穂・上高原理暢 共著			

定価は本体価格+税です。
定価は変更されることがありますのでご了承下さい。

||||||||||||||||||||||||||||||||||||||| 図書目録進呈◆

バイオテクノロジー教科書シリーズ

（各巻A5判，欠番は未発行です）

■編集委員長　太田隆久
■編集委員　相澤益男・田中渥夫・別府輝彦

定価は本体価格+税です。
定価は変更されることがありますのでご了承下さい。

‖‖‖‖‖‖‖‖‖‖‖‖‖‖‖‖‖‖‖‖‖　図書目録進呈◆

ME教科書シリーズ

（各巻B5判，欠番は品切または未発行です）

■日本生体医工学会編
■編纂委員長　佐藤俊輔
■編纂委員　稲田　紘・金井　寛・神谷　暸・北畠　顕・楠岡英雄
　　　　　　戸川達男・鳥脇純一郎・野瀬善明・半田康延

定価は本体価格＋税です。
定価は変更されることがありますのでご了承下さい。

図書目録進呈◆

生物工学ハンドブック

日本生物工学会 編
B5判／866頁／本体28,000円／上製・箱入り

- ■ **編集委員長** 塩谷 捨明
- ■ **編集委員** 五十嵐泰夫・加藤 滋雄・小林 達彦・佐藤 和夫
- **（五十音順）** 澤田 秀和・清水 和幸・関 達治・田谷 正仁
- 土戸 哲明・長棟 輝行・原島 俊・福井 希一

21世紀のバイオテクノロジーは，地球環境，食糧，エネルギーなど人類生存のための問題を解決し，持続発展可能な循環型社会を築き上げていくキーテクノロジーである。本ハンドブックでは，バイオテクノロジーに携わる学生から実務者までが，幅広い知識を得られるよう，豊富な図と最新のデータを用いてわかりやすく解説した。

主要目次

Ⅰ編：**生物工学の基盤技術** 生物資源・分類・保存／育種技術／プロテインエンジニアリング／機器分析法・計測技術／バイオ情報技術／発酵生産・代謝制御／培養工学／分離精製技術／殺菌・保存技術

Ⅱ編：**生物工学技術の実際** 醸造製品／食品／薬品・化学品／環境にかかわる生物工学／生産管理技術

本書の特長

- ◆ 学会創立時からの，醸造学・発酵学を基礎とした醸造製品生産工学大系はもちろん，微生物から動植物の対象生物，醸造飲料・食品から医薬品・生体医用材料などの対象製品，遺伝学から生物化学工学などの各方法論に関する幅広い展開と広大な対象分野を網羅した。
- ◆ 生物工学のいずれかの分野を専門とする学生から実務者までが，生物工学の別の分野（非専門分野）の知識を修得できる実用書となっている。
- ◆ 基本事項を明確に記述することにより，長年の使用に耐えられるようにし，各々の研究室等における必携の書とした。
- ◆ 第一線で活躍している約240名の著者が，それぞれの分野の研究・開発内容を豊富な図や重要かつ最新のデータにより正確な理解ができるよう解説した。

定価は本体価格+税です。
定価は変更されることがありますのでご了承下さい。　　　　図書目録進呈◆

バイオインフォマティクスシリーズ

（各巻A5判）

■監 修　浜田　道昭

定価は本体価格+税です。
定価は変更されることがありますのでご了承下さい。

‖‖‖‖‖‖‖‖‖‖‖‖‖‖‖‖‖　図書目録進呈◆